北の鞄ものがたり

—— いたがきの職人魂 ——

プロローグ

「ものづくり」という仕事

鞍ショルダー。その名の通り、馬の鞍形をしたバッグだ。

滑らかなカーブを描くフォルムは、生きている馬の背に沿う鞍の曲線そのもの。この有機的な形をひと針ひと針のステッチが作り上げている。それとともに、ステッチ自体が美しい文様にもなっている。

革は、太古の昔から行われてきた「タンニンなめし」の技術でなめされたもの。植物から抽出した渋（タンニン）の槽に漬け込まれ、時間をかけてなめしていくのだ。こうして動物の「皮」が「革」になっていく。

タンニンなめしの革は、芯までタンニン成分が浸透しているため、堅牢で型崩れしない。きめ細かくて実に美しい。ひとたび手にすると、その瞬間から、ゆっくりと使い手の体と心に寄り添っていく。

そしてある時、人は気づくのだ。〝もの〟でしかなかったものに対して、愛着という感情が生まれていることに。

一方、革はその硬さゆえ、作り手の高度な技術が要求される。板垣英三は、このタンニンなめしの革にこだわり、とことん良質な鞄づくりを追求している。

鞍ショルダーの誕生を英三はこう振り返る。「こういうイメージでこういう鞄を作りたいと思ってパーツを考えても、1ミリ違うだけで形にならない。1年半にわたって試行錯誤し、もう諦めようかと思った時にできたんです。革はね、部位によって性格が違うんですよ。何しろ生きていた牛の体だから、化学繊維や樹脂とは違うんです。一番いい皮はお尻のところ。鞍ショルダーでいえば脇の凹んだところにそれを使っています。シワになりやすい部位を使ってはいけないんです」

そう言われて鞍ショルダーを見ると、脇の凹凸が作りだす陰影に、目が釘付けになった。

だが、そうしたこだわりを伝えるためだけならば、この本は生まれなかった。ものづくりという仕事は、緻密で深いだけではなく、限りない広がりをもっているのではないか。

今や世の中のバッグの素材は革以外のものが大半だ。木綿や麻はもちろん、ナイロン、ポリエチレン、プラスチック、ビニール……。軽くて汚れにくく、雨に濡れても問題ない。なにより安価である。なのに、なぜ英三は、これほどまでに革にこだわるのか。

疑問を胸に取材を始めると、人が手を動かして、この世にものを生み出す瞬間に出合うことができた。


英三は、ものづくりによって自らの人生を築き、北の大地に一粒の種をまいた。家族と共に種に水をやり、肥料を施して、慈しんで育てた。巨木が小鳥や小動物の棲み家となるように、人々が故郷で働ける場所をつくった。そしてそこから生み出された製品という果実は、使い手の人生を豊かに彩っている。

英三の軌跡をたどることは、「ものづくり」という仕事が生み出す希望と可能性を探ることになるのではないだろうか。

目次

板垣英三  のまなざし

「英ちゃん」と呼ばれていた。
貧しく、無垢な丁稚時代に、
腕の良い親方に出会い、タンニンなめしの革に触れ、
本物の鞄づくりを学んだ。
兄弟子たちの生き方を手本に、時代のすべてを糧に、
早く一人前になって親を喜ばせたいと、
ただひたすら、寝る間を惜しんで奉公した。

無心で励んだ日々が、職人・板垣英三の土台となった。

そして、創業者として歩き出した時、
第二の故郷となった北海道赤平市で
地場の産業、文化、人に触れ、
作り方もフォルムも人に優しい「いたがき」イズムの集大成であり、
赤平産の名品、鞍ショルダーが生まれた。

ひと針ひと針、文化や歴史、町、人とともに
生きることは、礎となっていたがきを支え、
いつしかいろいろな花が野に咲くように人が集い、
力強い豊かな光が、新しいいたがきを育んでいった。

それが、いたがきらしさ。
地域への恩返しも、いたがきらしさ。

いつかは世界へ、革と
いたがきらしさの調和を送り出したいという夢を抱く。
未来へ引き継ぎたいとも願う。
どこにあっても、「らしさ」があれば、変わらない。
町に、自然に、社員や家族にも、
温かいまなざしを向けているのだから。

鞍ショルダー

革の上質さがひと目でわかるキャメル色と、バランスのとれた凛とした表情が見る人の心をとらえる品番E919「鞍ショルダー」。鞄職人・板垣英三が創業を決意した時、持てるすべてを注ぎ、精魂込めて創り上げた。この鞄には、「いたがきらしさ」がにじみ出ている。英三自らが受け継いできた日本のものづくりの魂が宿り、たくさんの出会いと地域への思いが込められている。

鞍ショルダーは57のパーツからなる。そのひとつひとつは牛の革の各部位の特性を生かしたものだ。繊維の密度が高く、張りのあるヒップ（お尻）の皮は鞄の姿を美しく見せるボディに、背中の最も固い部分は強度が求められる鞄の底に、しなやかなネック（首）の皮は、優美なやわらかさを表現したい部分に。

だからこそ完成した鞄には、まるで鞄そのものが呼吸しているような、安定した自然な美しさがある。

01/5

タンニンなめしの革

いたがきの製品の特長のひとつが、アカシア属のミモザのタンニン（渋）でなめした上質な牛革。手にした感触が心地よく、触れるとなぜか手放せなくなってしまう。

その製法は、「ピット製法」と呼ばれる国内でも希少な技術。インスタントが当たり前の時代に、驚くほどの時間と手間をかけている。

革職人にとって、これほど憧れの素材はないが、その一方で技術がなくては手が出せない。

なめしたての時は反抗期の若者のように頑固で扱いにくい。だが、熱を加えて行う捻引き（ねんびき）や研磨、丈夫なナイロン糸での縫製、丹精を込めた手仕事すべてを吸収して、美しいフォルムに変える強靭さを持つ。そして持ち主と時間を共有するうちに、エイジングによって優しい手触りや独特の艶や色合いを深め、世界でたったひとつの存在になる。

鞍ショルダーに宿る5つのITAGAKI

ショールームで展示しているタンニンなめしのブックカバー

02/5

ステッチワーク
捻引き

鞄ショルダーを目にしたとき、不思議と鞄全体がほのかな光の曲線で包まれているように感じられる。その理由を英三に聞くと、「いい鞄にしたいという心と、どうしたらいいのかと考える頭を、手が結んだんです」といたずらっ子のように笑う。

「手」というのは技術。丁寧に磨いたコバ（縁）に沿ったステッチワークが、自然と視線を引き寄せるような質感やメリハリを生んでいる。そのベースとなるのは作業前のパーツに入れる焼き溝、「捻引き」。ものづくりの現場で、手を使って「念には念を入れる」ことも意味する作業だ。金属の二枚羽に熱を通し、実際に縫う捻と飾り捻（縫い線を引き立てる）を引くと、このレールのような捻に丈夫なナイロン糸の縫い目が埋め込まれ、擦り切れにくくなる。さらに結び目を熱で溶かして固め、木槌で埋め込むと、しっかりと止まり目立たない。職人気質とは、ここまで手間をかける。細やかさが違う。

鞍ショルダーに宿る5つのITAGAKI

職人らしさが手の動きから伝わる捻引き

03/5

手しごと

かつて、炭鉱というとてつもなく巨大な産業で栄えた赤平市。その風土に根差すいたがきにも、〝個人の能力をともに生かす〟というチームワークの空気が満ちている。

革は、機械で作る素材とは異なり、一枚一枚状態が違う。そのため各工程で一人一人が積み重ねていく作業が、最後の仕上げに大きく影響する。例えば、革の裏側を手で触れて、銀面（表面）からは見えない傷や色むらを見つけ、その場所を避けて裁断する、縫製しやすいように部分的に革を漉く、鞄の輪郭にとって重要なコバは、わずかなざらつきも削り落とし、専用の仕上げ剤を丁寧に塗り、磨き、見た目に美しく指通りよく仕上げる。ほかにも糊付け、縫製、検品、販売、広報、修理など、誰かの作業がひとつ欠けても鞍ショルダーにはならない。「人がいるからできる」。鞍ショルダーには確かに人が生きている。

いたがきのものづくり

鞍ショルダーに宿る5つのITAGAKI

工房で働く職人たち。製品のひとつひとつにさまざまな手作業が施されている

04/5

金具
名脇役たち

持ち主が幸せであるようにと願って添えられた鞍ショルダーの小さな黄金色のあぶみ（馬に乗るときに足場となる金具）。いたがきは、職人が使う道具からファスナー、鋲類、ハトメなどの金具、布袋にいたるまで細部にこだわりを持つ。

あぶみの素材は鋳物（砂でできた型に流し込んで作る）の無垢の真ちゅうで、表面だけをメッキ加工したものではない。真ちゅうは、銅と亜鉛からなる合金で、留め具として革馴染みがよく、革を傷めず、菌を寄せ付けない。いたがきでは使いやすさを追求した自社オリジナルをオーダーメードしている。

真ちゅうは、時間と共に色合いがやわらかく変化し、タンニンなめしの革のエイジングとの相乗効果で独特のヴィンテージ感を生み出す伝統的素材。小さな金具にも、歴史と信念が秘められている。

E115 鞍束入れや E919 鞍ショルダーの表情を豊かにする真ちゅうのあぶみ

05/5

匠の技

「匠の技というのは、本当に考え抜かれた、目には見えない技術なんです」と語る英三は、日本の職人が幾重にも手間をかけてなし遂げてきた目には見えない技術をとても大切にしている。

「日本がものづくり王国となったのは、昔からそういう目に見えない部分に気付き、その仕事を残そうとした職人と、それを支えた文化人と呼ばれる人たちがいたからです」

実際に鞍ショルダーに触れると、澄んだ空気のような心地よさを感じる。それは、財布やスマートフォンケース、ベルトなどにも共通している。素材の下処理、一見直線に見えるわずかなカーブ、視線を惹きつける磨き。また、壊れたら捨てるのではなく、修理できること。いずれも日本の職人ならではの技術だ。

「いつか、本物を作りたいと願う若者が現れたとき、手本になるものを残したい」。鞍ショルダーは匠の技を伝える未来へのバトンでもある。

鞍ショルダーに宿る5つのITAGAKI

針穴の内側に触れないように糸を通し、ひと目ごとにしっかりと止める。英三の熟練した手仕事だ

原点

後列中央が丁稚奉公時代の板垣英三

英三にとって、職人の原点は浅草で奉公したときの先輩たち。

美しいものを作るために、自分の技術を惜しみなく注いでいた。そうやってできた作品は、隅々まで美しさにあふれていて、生きている喜びを形にしたら、きっとこんな風に輝くのだろうという光に満ちていた。

英三は、自分が受け継いだ技術を残したくていたがきを創り、その成果が今、北海道赤平市の工房に宿る。そしてそれは、日本の職人たちの心意気を伝える灯でもある。

第1章
鞄が生まれる場所

働く人は10代から80代まで

北海道赤平市。両岸を豊かな河畔林に縁取られた空知川がゆったりと流れるまちに、株式会社いたがきはある。赤平市は北海道のほぼ中央部に位置し、かつては炭鉱で栄えた。今は北海道屈指の穀倉地帯、空知地方の一画にあって、水田と畑が広がっている。いたがきの本社社屋の窓外に広がるのも、緑の田園風景だ。

本社は、工房と店舗を一体化させたもので、木を基調にしたモダンでシンプルなデザイン。英三の従兄弟の建築家・中津原努氏がグランドデザインを起こし、札幌のＴａｕ設計工房の藤島喬氏が設計して平成20年に完成した。

屋上は緑化され、冷暖房エネルギーを節減する。黒塗りのソーラーウオールは給気された空気を暖めて床下に蓄積する。厳しい冬の寒さも、間伐材などからできる木質ペレットを燃料にするペレットストーブだけで快適に過ごせる。エコ発想の設計が消費電力60パーセント減を可能にしている。全館バリアフリーで車椅子のお客さまのためのエレベーターも設置している。遠方から来るお客さまのためにとカフェも併設し、休日は近郊のお菓子屋さんのミニスイーツが心を癒やしてくれる。

英三は設計コンセプトをこう語る。『緑の丘に連なるマイスターたちの工房』です。材料の革

いたがき赤平本店

は自然の産物、周囲は赤平の自然、働く人は頭で考えるだけの頭でっかちじゃなくて実際に手を動かしてものを作る。ナチュラルな本物が三拍子そろっていることになります。こんなエコ・ファクトリーを建てられて、とてもうれしいね」

歯切れよい発音、すっと伸びた背筋。このしゃれた男性が、82歳の英三だ。英三は15歳から丁稚奉公に出て職人の技を身に付けた。ダンディーな雰囲気と丁稚奉公のイメージはどうしても重ならないが、その結晶が、いたがきのものづくりなのである。

入り口に立つと、床から天井まである重厚な木製の自動ドアが開く。入ると、吹き抜けの空間にオリジナル製品が並ぶ。

代表取締役社長で、英三の長女の板垣江美は、株式会社いたがきの創業当初から英三に言われ続けてきたことがある。「妥協するな！　まねするな！　革は隅から隅まで大事に使え！　ボケッとしていないで考えろ！と。いたがきは、父が、職人として信じる道を生き続けるために作った会社です。だからこそ、この言葉にはいたがきの基本姿勢が凝縮されているんです」

〃職人として生き続ける〃ために会社をつくった？　この意外な言葉に、私は引き付けられた。では、それを可能にするいたがきの基本姿勢とは何なのだろう。

「作り手が自ら市場の動向をつかんでニーズに合ったものを生み出すこと、素材を大切にしな

カフェとショールームのある赤平本店で笑顔をみせる創業者・板垣英三

がら高い技術を駆使して形にすること、そして自らの手で販売することによって、責任の所在が明確なものづくりをすることです」と江美は言う。職人が職人として生きるには、手仕事の技術を上げるだけではだめなのだ。職人として生き続けるためにこそ、マーケティングも販売もある。そのための号令が、「妥協するな！　まねするな！　考えろ！」なのだとわかった。

店舗と同じ階の奥に工房がある。鞄を考える人、作る人、売る人、買う人が同じ場所にいるのだ。つまり作り手は、お客さまの気配をすぐそばに感じながら作ることができる。地球の裏側で作られたものを消費することも珍しくない現代にあって、これは作り手にとっても使い手にとってもかなり贅沢なことなのだと、私は後の取材で知ることになった。

総勢84人の会社は平均年齢38歳とあって、はっとするほど若い人が多い印象だ。高校を卒業したばかりの10代から80代の会長までが同じ社屋で一緒に働いている。そんないたがきの一日は、朝8時15分のラジオ体操から始まる。第1と第2をきっちりこなすと、汗ばんで息が上がる。じっと座って作業しているように見えて、ものづくりは体づくりからなのだと納得した。

天然のタンニンでじっくりなめした革

ラジオ体操を終えて持ち場に散っていく社員の背中を追いかけ、まずは、革を裁断する工場に向かった。ここは別棟で、現社屋ができる前は管理棟だった建物である。

入った途端、革の香りが鼻をくすぐる。「うわー、新しい革の香り！」と興奮する私に、裁断担当の伊藤博之は「そうですか。僕らはもうわからなくなっているんですよ。毎日、この中にいるから」。なるほど、五感の中で臭覚は最も敏感だというが、私はといえば、半世紀も前に自分が小学生だった時のランドセルの香りを思い出し、胸の奥がきゅんとなるほどの懐かしさに浸ることができた。

奥の革置き場には、大きな革が衣桁に着物をかけるようにかけられていた。栃木県にある「栃木レザー」でなめされた革だ。縦1・2メートル、横2・4メートルの台形で、その両端から細い部分が伸びている。細い部分は脚だ。革は、牛がするりと着物を脱いだようにそこにあった。色は、ヌメ革の色を生かした明るいキャメルブラウン、華やかでエレガントな赤、シックな黒などに着色されている。

栃木レザーの特徴は、工程ごとの「ピット槽」に北米産原皮を順に漬けて、化学物質を使わず、革の繊維に植物タンニンをしっかり浸み込ませる――いわゆるタンニンなめしだけを行っていること。これによって、しなやかで堅牢な革ができる。

英三がずっとこだわってきたのは、植物の渋（タンニン）でなめした革を使うことだ。動物の皮はそのままでは腐敗するため、防腐処理が不可欠。人類は、太古から植物の渋にその作用があることを発見し利用してきた。

「ランドセルとお医者さんの鞄の共通点を知っていますか？　ランドセルは抵抗力の弱い子どもが使うもの、お医者さんの鞄は体の弱っている患者さんのもとへ往診に行く時に使うもの。ともに体にやさしいものでなければなりません。昔から日本では柿やアカシアの渋でなめした革が使われてきました。よく〝エコバッグ〟って言いますけど、あれはナイロン。タンニンなめしの革は土に埋めると土に還り、肥料になる。究極のエコバッグです」

タンニンの原料は、欧米では古くからミモザやチェスナット、オークバーク（樫樹皮）から抽出されてきた。19世紀半ば、オーストラリアに自生していたミモザが南アフリカへ移植・栽培されてからは、南アフリカが大供給国となっている。栃木レザーではブラジル産ミモザから抽出したタンニンをおもに使っているそうだ。

原皮は毛のついた塩漬けの状態で届くので、石灰乳と呼ばれる石灰溶液が入ったピット槽に漬け込んで毛、脂肪、表皮層を分解し取り去る。石灰を除去してから、濃度の薄いタンニン槽から濃い槽へと4段階で約20日間、漬け込むうちに、皮の芯までタンニン成分が浸透し、弾力性に富む丈夫な革ができる。栃木レザーは160ものピット槽を擁しているが、広大な敷地が必要なことと、20日間にわたって順にピット槽を移していく多大な労力が必要なため、タンニンなめしのみでなめしを行う工場は、日本ではここだけだそうだ。

いたがきは「タンナリー・マズア社」（１８７3年創業）からも仕入れており、同社もその名の通り、タンニンなめしを行っているベルギー唯一のタンナーだ。厳選されたヨーロッパ原皮から作られた深い色合いと美しい艶が特徴で、「ルガトー」という製品群に使われている。牛の首の筋が、虎のような縞模様となって革に現れることがあり、その模様は「トラ」と珍重される。「トラ」は、この世に二つと同じものがない生命の証ともいえる。最上級とされるのは、牛の背中からお尻にかけての「ブラスコット」という部位。繊維の密度が高く弾力性があるので、きめこまかく艶やかで、革の宝石とされている。

マズア社の背景には、馬具を中心に王室や貴族と共に歩んできたヨーロッパの皮革産業の長い歴史がある。イタリアには今も２００社以上の皮革会社があるというのだから驚くばかりだ。家畜の皮の利用がほとんどだが、皮革のために飼育されることもあるほどだという。

裁断の責任者である伊藤博之いわく「皮革には繊維の方向があるんです。それに沿って曲げるときれいに曲がる。鞍ショルダーは看板商品ですから、肩と、背中からお尻にかけての最上級の部位を使っています。繊維の方向にも気をつけてパーツを取っているんですよ」。

繊維の方向？　わかったようなわからないような気分で革置き場を出た。

それにしても、今見た革は厚さ5ミリほどもある。こんな厚いものをどうやって加工するのだろう。そもそも自分の手持ちのバッグに、こんな厚い革はない。疑問を伊藤にぶつけると「そりゃそうですよ。厚いままだと商品にならないので薄くします。これを『革漉き』と呼びます。使うのは上の表皮の部分です。はがした下側は芯材に使ったり、加工して再生皮革にしているところもあります。革には捨てるところがないんですよ」。

イタリア製の機械のローラーの中で、まず1枚全体で漉かれ（ベタ漉き）、パーツごとに裁断された後でもう一度、漉きが入るそうだ。

一片の革もムダにしない裁断課

裁断課は、革の裁断を中心に、内装地や金具など材料管理を行う。つまり製作に必要な材料を全て準備する仕事だ。そこで私は、天然素材と向き合ういたがきの姿勢を見ることができた。

イタリア製金属キャビネットに収納されているのは、革を裁断する抜き型だ。抜き型は下部が鋭利な刃になっていて、革に当てて上から力を加えると、切り口鮮やかに革を型取りできる。型は、新しい鞄のデザインが生まれるたびに作られる一点もので、材質はスウェーデン鋼という金属だそうだ。指紋ひとつ付いていない磨き上げられた型は、刃の部分に触れるだけで手が切れそうだ。手術器具のようにも見える。ズシリと重量感のあるスウェーデン鋼でさえ消耗が激しいそうで、生き物を守る皮膚の力にあらためて驚いた。

革は牛の体の形そのものだから、1枚1枚、形が異なる。それを見極めて最も有効に使うため、大きなパーツから取っていき、残りをキーホルダーなど小さなものに使う。裁断課の中村和雅は「1枚の皮革の中でも部位によって特徴が異なり、均一にパーツを裁断できるということはありません。裁断課では製品ごとに必要な革の面積を計算し、実際に使用した革の量と照らし合わせて、革の歩留まりを記録しています。パーツを裁断した後に残った革は、さらに小さな製品や粗品に使って、最終的にはほとんど使い切ります。革の状態を見極めながら、できる限り多くのパーツが取れるようにすることは、とても大事なんです。そうしないと製品の原価が上がることになり、お客さまにお届けできる価格に反映されてしまうからです」

革は、人間の思い通りに合成できる工業製品ではない。皮からつくられた賜り物なのだということを、中村の言葉で改めて突き付けられる思いがした。

長さ2メートルもある背割りした牛革の半裁

(右から)製品パーツの型紙、型抜きした鞍ショルダーのパーツ、スウェーデン鋼の抜き型

縫製課は匠ぞろいの精鋭部隊

本社社屋のショップの奥にあるのが縫製工程を担う工場である。大型鞄班、鞄班、鞍専門班、ソフトバッグ班、小物班、研修班、修理班の七つからなる縫製課だ。

鞍専門班の西崎茂が、鞍ショルダーの鞍の背を縫い合わせる。その工程を見て、びっくり仰天した。2枚の革は平面ではどう考えても縫い合わせられない形をしている。互いに反発するように反り返る形をしているのだ。いったいこれをどうやって合わせるのか。しかも、柔らかい布ではない、堅牢なタンニンなめしの革同士である。西崎は、2枚の革を手で突き合わせて、ひと針ひと針、ミシンを動かす。すると背反している硬い革が、より合わされるように近づいていく。2次元では絶対に合わないものが3次元でぴたりと合う奇跡！　生きている馬の滑らかな背のシルエットそっくりに、有機的なカーブを描いている。

裁断課の伊藤の言葉が蘇った。「皮革には繊維の方向がある。それに沿って曲げるときれいに曲がる」。なるほど、こういうことだったのか。

いたがきの花形、鞍専門班を担う西崎の片足は義足である。英三いわく「西崎さんは今、64歳。今日言って明日辞める人も珍しくない世の中で、70歳になったら辞めさせてくれって、7年前から言ってます」。律儀な職人気質である。

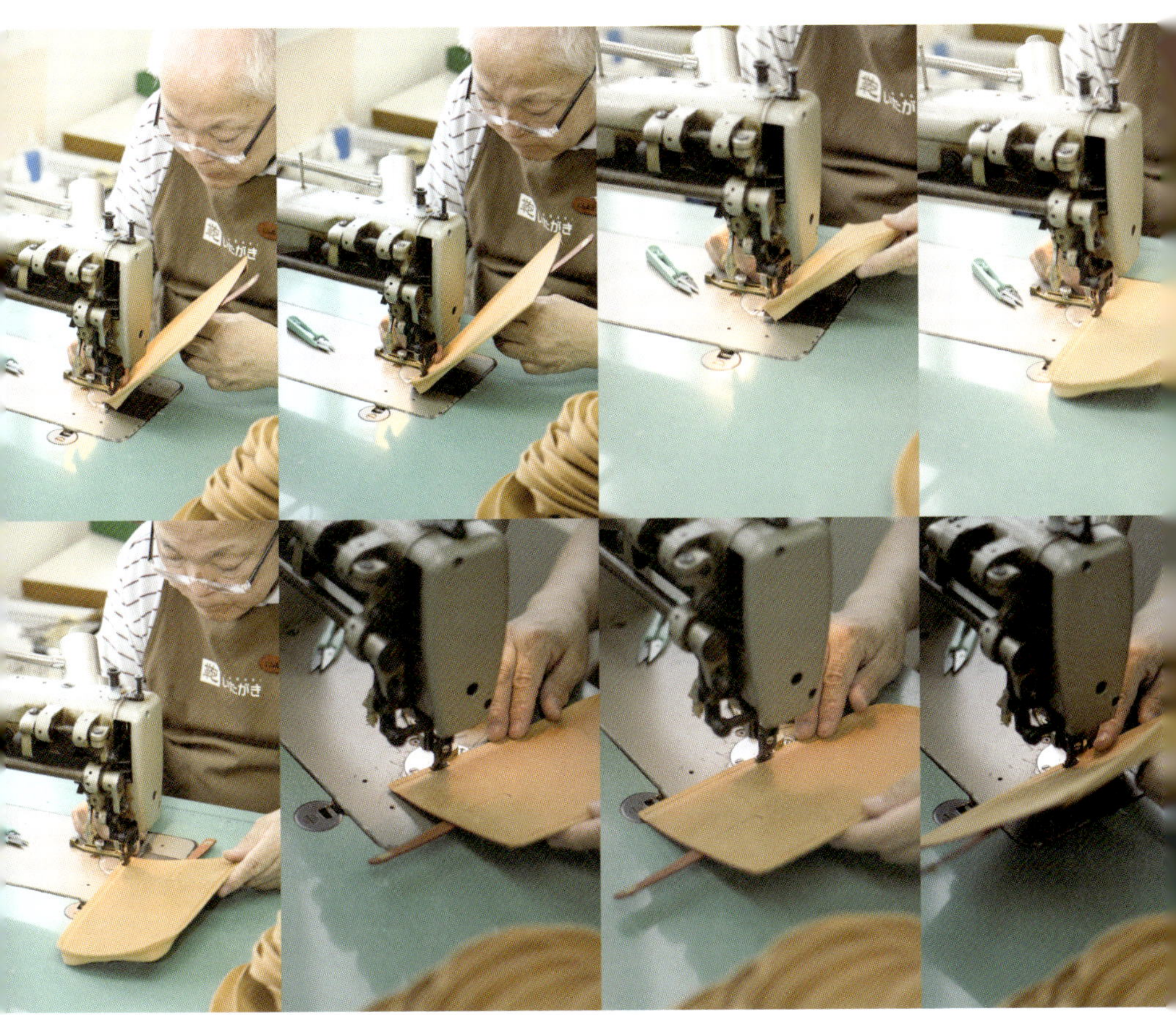

西崎のミシンの工程。平面を組み合わせて立体にする部分は、熟練した職人の勘でしか縫えないという

鞄にショルダーを取り付ける部分を根革という。ここを手縫いで仕上げるのがいたがきのこだわりだ。2本の針を交差する「クロスステッチ」という技法で、ひと針ごとに渾身の力を込めて縫う。するとひと目ごとにしっかりと止まり、ほどけない。縫った後の糸は熱で溶かして固め、木槌で軽く叩いて針穴に埋め込む。「今どき手縫いしているところはないんじゃないでしょうかね」と英三は言う。縫いの決め手は、上糸と下糸がしっかりと締まり合う状態を保ちつつ、厚みが変化する部分では押したり引いたりしながら糸目の幅をそろえること。これによって美しいステッチワークが出現する。革の状態と糸の締まり具合の加減は、革との対話で体得していくものだとか。まさに職人芸である。

一方、ベルトのような長物をミシンで縫う際に重要なのはスピード感だ。「ゆっくり」と「のろのろ」は違う。この極意を「オートバイを運転する時のような、ミシンと一体になった感覚」と言う社員もいる。

縫製後に糸がほつれないように収める糸処理や、革の断面を滑らかに仕上げるコバ仕上げも縫製課の仕事だ。コバ仕上げはまずカンナをかけて、その後、サンドペーパーで仕上げて、塗料を塗る。手作業で二重、三重に手間をかけることで、快適な使い心地が生まれる。

縫製課では、毎月1回、スキルアップ研修が行われている。普段分担して作っている製品の全

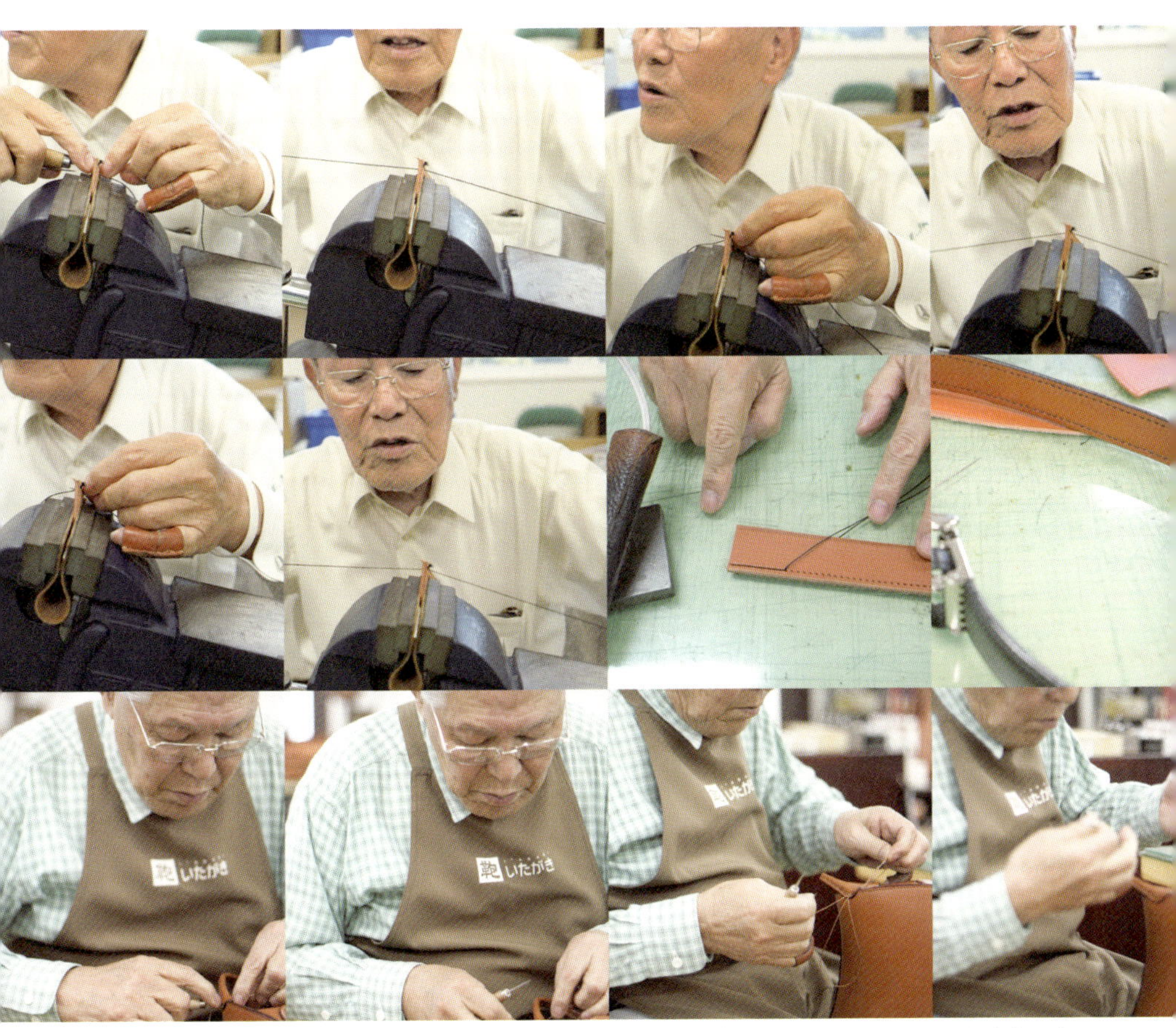

「縫い目を見ずに、指先の感覚だけで縫えて一人前」と語る英三は、わざと顔を横に向けたりする。４メートルほどの１本糸でベルトを縫う時は最後の糸が毛羽立たないように、糸と革が触れないように縫うという

工程をひとりで作ってみるのだ。するとベテランが担当している仕事の難しさが若手にもよく分かるという。

また、下工程の一部は、近郊に住む主婦などの内職に出している。その一人が平野ひろ子だ。子どもが幼い頃は自宅で内職を請け負い、小学校入学を機にパートに来るようになり、やがて社員になって活躍した。65歳で孫の面倒をみるため再びパートに戻り、今70歳。ライフステージごとに働き方を選ぶ見事な人生設計に、私は同性として「お見事」とひれ伏したい気持ちになった。北海道では、結婚・出産で職場を離れた女性の復帰が他都府県に比べて難しいことが統計に表れているが、いたがきには平野のような女性が何人もいるそうだ。

挑戦続ける開発課と研修班

いたがきは、長年支持され続けるスタンダードな定番商品が多数を占めるなかで、毎年数点ずつ新製品を出している。タンニンなめしの革が、次はどんな形になって現れるのか、期待するファンが多いからだ。それとともに、鞄はファッションであり、時代の空気、モードと無関係ではありえない。作り手にとっては、毎日が継続と創造の挑戦だ。

江美と共に新製品のデザインと試作品の製作を行うのが開発課だ。開発課リーダーの堀内健一は英三の愛弟子の一人。職人気質で決して饒舌ではないが、卓越した技術に裏打ちされた存在感で課を引っ張っている。

いたがきはお客さまを「使うプロ」、自分たちを「作るプロ」と位置づけていて、「使うプロ」の意見を商品開発に生かしている。たとえば「ベルトポーチに、財布や鍵だけでなく、カメラやタバコも入れたい」という「使うプロ」の声を商品に生かすため、サイズや形のバランスを考えながら試作品を作る。試作品は必ず社員がモニター使用し、さらに修正を重ねて製品になる。

研修班は、入社1～2年の若手社員が基本的な技術を体に覚え込ませる場だ。ＩＤカードストラップやスマートフォンケースなど、少ないパーツから成る商品を、自分一人で作り上げることに重点を置いている。「初心者だから同じ部分ばかりを作るのではなく、小さいものでも全体を作り上げることに意味があると思っています。流れ作業の一部だけやっていては身に付かないことを習得してもらいたいんです」と江美は言う。それはつまり何だろうか。

寡黙な堀内が口を開いた。「今、自分がやっている作業について、ここがこの先こうなるから、この段階でこうしておくというようなことを考える力ではないでしょうか。会長にはいつも『考えろ』と言われてきました」。細部から全体へつなぐことのできる構想力。個々人の技量と、全体を考えられる力が、両輪となっていたがきを動かしているのだ。

A4 サイズの書類をしっかりと守るビジネスショルダー。左ページは薬と保険証の携帯を想定したベルトポーチなど、使うプロの意見が息づく機能性の高い製品の数々

革の縫製は、やり直しがきかない。一度縫うと、縫い目の穴が開いてしまうので、糸をほどいても、その革は使えない。英三が修業した徒弟制の時代には、材料を損なうリスクを冒してまで若手の成長を促すなどありえないことだっただろう。しかし、いたがきでは、無から有を生み出す喜びを、若手とベテランが共有している。

英三の理念の結晶、修理班

修理班ではさらに驚いた。長年の使用で傷んだ部分を、全部のパーツを分解して修理しているのだ。ステッチをほどくだけでも驚きなのに、革の内側をはがして、張り替えもする。修理内容によっては新品を作る以上の手間がかかるが、部品の値段以外はお客さまからはいただかない。

修理事例を二つ、見せてもらった。

品番E160S「ドル入付札入れ」の購入価格は1万8360円。9年間、愛用されるなかでファスナーがかみ合わなくなり、擦れやすいベロの革が傷んできた。また、革に傷がついて白くカサカサになっている。まず、解体だ。丁寧に糸を抜き、交換するパーツと、そのまま残すパーツとを分別する。次に、残すパーツの汚れを拭き取り、保護クリームを塗って革表面の状態を整える。解体によって隅々までクリーニングされ、保護クリームを補われると、それぞれのパーツがほっと息を吹き返したように見えた。続いて新しいファスナーを装着し、傷んだ内マチの革を貼り付ける。そして、解体前の針穴に沿って、ひと針ひと針縫い合わせていく。最後に、はがれたコバを塗り直し、ファスナーの引っ張りも付け直した。ファスナー、ベロ革、内マチ革交換とメンテナンスで、修理費総額は7560円、修理期間は2～3カ月だという。

9年も使って満身創痍といってもいい財布。私なら間違いなく買い替えである。この持ち主も「そろそろ流行の長財布にしようか」と、いたがきで別の商品を手にした。すると販売スタッフは、せっかく風合いが出てきているのでと、修理を勧めたという。

修理例の二つ目は、25年以上前に通販雑誌で購入された「鞍ショルダー（大）」。購入価格は7万5000円（現価格は10万8000円）。1～2年前から内装地がポロポロとはがれるようになり、東京の京王プラザホテル新宿店で修理を依頼された。

財布同様、糸を針穴から抜き取って解体。次にひび割れた内装地をはがし、革に張り替える。ポケットも同様に革で作り直した。そして、解体前の針穴に沿って、丁寧に縫い合わせていく。塗装がはがれていた革のコバを磨き直し、表面材を塗る。鞍にショルダーを取り付ける根革部分は手縫いで仕上げた。張り替えた内装と、外側の擦れた部分に色を入れ直してでき上がりである。修理代は3万2400円、修理期間はおよそ3～4カ月とのことだ。

「3万円も出すのなら新しい鞄が買える」と思う人は多いだろう。私もその一人だった。しかしこの修理依頼者は、鞍ショルダーを受け取って、こんな言葉を寄せていた。「(鞍ショルダーは)仕事等で使うためではなく、線の美しさとモノとしての面白さに惹かれて購入したものなので、これからもこの鞄に似合う場所を見つけて使っていければと思います」(「いたがき通信」2015年秋号)

ああ、この人は「人生の伴とする鞄」と出合ったのだ。

修理班を統括する丸山実樹代は、子育てと仕事を両立してきた53歳。「お客さまがここだけ直してくれればいいとおっしゃっても、プロの目から見て、一緒に直しておいた方がよい所はお勧めするようにしています。革は水に弱いので、雨に濡れたり、汗ばんだお尻のポケットに入れたりすると水分で縮み、硬くなります。柔軟性がなくなった革はミシンがかけられなかったり、内装交換をしても内装地に革が負けて割れてしまったりするのです。そうならないためには日頃のお手入れが肝心です。なでてあげるだけでも違うんですよ。大切に使っていただいている鞄は、ひと目でわかります。お客さまの人生に寄り添ってきた唯一無二の物を扱う緊張感はとても大きいのですが、修理係ならではの喜びも大きいです」

持ち主の体温で飴色になった鞄の取っ手、傷ついたボディの表皮、細かい部品の数々……。そ

英三が自ら作り、使い、補修、手入れをしている
エイジングが香り立つ製品たち

れらを作業机に並べて、ひとつひとつの汚れを落とし、縫い合わせ、磨いていく。その手の動きを追っていると、新品の鞄が誕生する工程を見るのと同じくらい、胸が熱くなった。修理班の仕事は、英三の理念の結晶なのだ。

そして私は大きな勘違いをしていたことに気づかされた。「良いものは一生もの」とは、手入れをしてこその一生ものだということである。どんなものも、ほったらかしで長持ちするはずがないのだ。そしてこうも思った。手入れをする、手間をかける、その行為が愛着を生むのだと。

E919 鞍ショルダーができるまで

- □ 革の入荷
- □ 裁断
- □ 革漉き
- □ 捻引きと目打ち
- □ コバ漉き機
- □ 糊付け／貼り合わせ
- □ 革専用のミシン
- □ 備品の装着
- □ コバ処理
- □ 手縫い
- □ 検品

「いたがき」では、デザインができ、技術を持った職人が試作を重ね、モニターで検証して初めて見本品（作品）が完成する。職人は、先輩の技を何年もかけて自らに取り込み、再び後輩に受け継いでいく。その繰り返しが安定した製品を生み、時代の変遷に揺るがないものづくり企業としての土台を築く。いたがきの工房では、約40人の職人が小グループに分かれ、技術力に応じた分業制により、約15日間かけて30個の鞍ショルダーを完成させている。

START

革の入荷

E919 鞍ショルダー

入荷した革は、厚み、色、色むら、傷などを目で見て、手で触れて確認する。いたがきでは、「革は機械で作ったものと違い、生き物だから傷があるのは当たり前」という考え方から革の返品は一切しないが、その分、革が最良な仕上がりとなるように手間を怠らない。

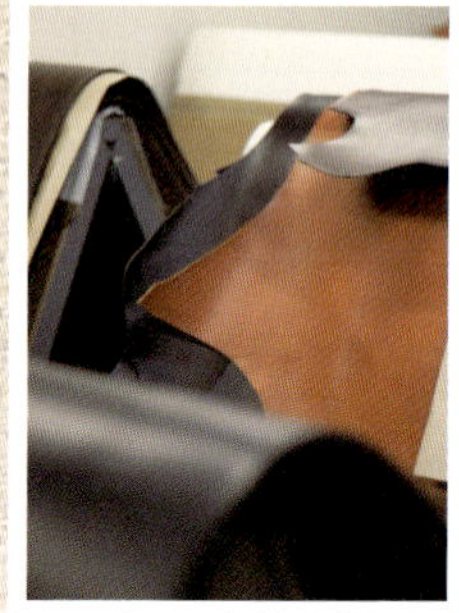
タンニンなめしの革

↓

裁　断

抜き型

鞍ショルダーには57のパーツがあり、パーツごとに使用する部位が決められている。スタッフはそのルールを守りつつ、革の方向や傷がないか確認しながら抜き型を配置し、油圧式のプレス機で裁断する。

抜き型の配置

↓

革漉(す)き

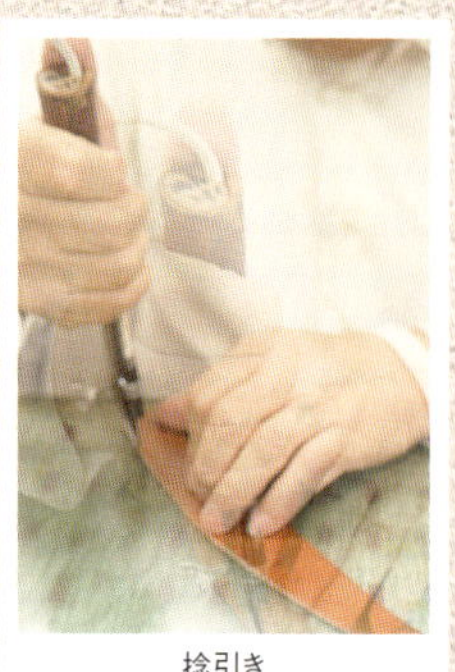
捻引き

裁断した各パーツは、革の裏側（床面(とこ)）を均一になるように漉いて（削って）、検品した後に工房へ。削り落とした床革は芯材などに再利用し、無駄を最小限にとどめている。

油圧式のプレス機

↓

捻引きと目打ち

パーツには、それぞれ「捻引き」によって縫うための焼き溝を入れる。これは刃に熱を加えながら2本の筋を入れる作業で、1本は縫うための実線、2本目は「飾り捻」と呼び、ステッチを引き立てる役目を果たす。ミシンの場合は溝に沿って縫い、手縫いは、糸を通しやすくするため、さらに溝に沿って手作業で目打ちを施す。

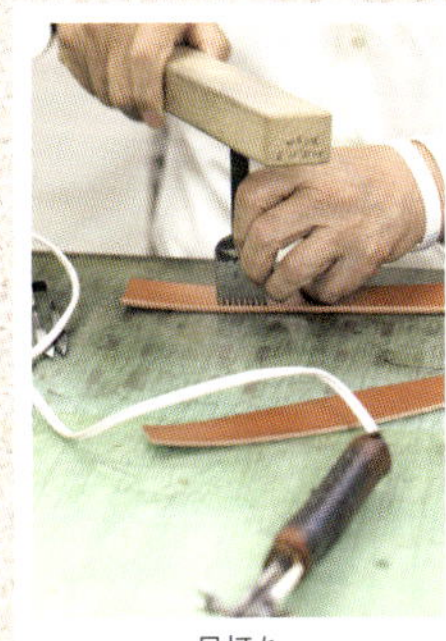
目打ち

↓

コバ漉き機

捻を引いた各パーツにコバ漉きを入れる。革を縫う際に広い面積が重なると厚みが出て作業しにくく、見た目もよくないので、専用のコバ漉き機で裏面を部分的に漉いて厚みを整える。どのくらいの範囲をどの程度漉くかの判断が難しい。

コバ漉き

↓

糊付け／貼り合わせ

各パーツに高品質の糊をつけて仮止めする。糊（接着剤）は人の体に安全な素材を厳選している。

↓

革専用のミシン

各パーツをミシンを使って縫いつけていく。硬いタンニンなめしの革に使うのは専用の馬具用ミシン。縫製は、社内でも熟練した職人が担当する。一見、機械に頼れそうなミシン縫いだが、特にかぶせの縫い合わせなどは革と革とを重ねて少しずつずらしながら立体に縫い上げていくため、職人の勘頼みの難しさがある。熟練した職人は寸分の狂いなく縫うことができるという。最初に前ボディと側面、後ろボディとかぶせの部分を縫った後、2つを組み合わせてボディを完成させる。

革専用ミシン

↓

備品の装着

ファスナーや金具を革に縫いつけ、開閉を確認する。

コバ専用のカンナ

コバ処理

縁のことをコバとよび、専用の仕上げ剤を使うことにより、耐久性を高め、つやを出す。パーツごとに行う部分と、最終的に鞄を縫い合わせてから行う部分とがあり、豆カンナと呼ばれる小さなカンナを使ってコバを丸く仕上げる。バフ機でさらに表面を丸く整えてから仕上げを施す。

手縫い

手縫い

鞄にショルダーを取り付ける根革部分は、各5針、4か所を丈夫なナイロン糸で手縫いする。職人は2本の針を交差する「クロスステッチ」という技法で、赤ちゃんを抱くように鞄をそっと抱え、ひと針ごとに渾身の力を込めて縫い上げる。この根革の取り付けは手縫いでしかできない最後の締めの仕事となる。縫った後の糸は、熱で溶かして固め、木槌で軽くたたいて、針穴に埋め込む。ここを手縫いで留めて仕上げることで、魂が注ぎ込まれたように凛とした美しい製品になる。

検　品

革の色やつや、形、コバ、縫製などを、さまざまな角度から厳しくチェックして完成する。

検品

第2章

板垣英三のあゆみ

生い立ち

板垣英三は昭和10年、父・板垣源太郎、母・可つの間に三男として生まれた。長兄は修一、次兄は航二という男3兄弟だ。父は東北帝国大学出身で東京電力の社員だった。父の横浜勤務時代に生まれたため、出生地は横浜市保土ヶ谷92。

板垣家のルーツは仙台だ。先祖について英三はこう語る。「伊達家の鉱山奉行だったと聞いていますが、明治時代になって鉱山の払い下げを受けることができて、たいへんな財を成したようです。板垣家の菩提寺の輪王寺が焼失したときには本堂を寄進したらしいですよ。当時はたくさんの書生を抱えていてね。後に大成した人も何人もいるんです」

仙台にある板垣家の墓所は82坪もの敷地に大きな松の木が並んでいて、背丈よりも高い苔むした墓石が静かにたたずんでいるそうだ。

源太郎は仕事一筋で家庭のことには無頓着。自分の生活が困窮していても、友人の借金の保証人になるという義理堅い男だった。可つは樺太（現サハリン）の豊原高等女学校を出た才媛。嫁入り当時、可つの箪笥には8棹もの豪華な金紗の着物があった。面長の美人で、和裁が得意だった。その腕前は、花婿が披露宴に着る裃の仕立てを任されるほどだった。昔の裃は、肩の張りに中芯など入れず、糊付けだけで両肩がピンとそろって張るように仕立てなければならなかった。足の指で布の端をはさんで、もう一方の端を手でピンと張り、手早く絎けていく見事な針の運び。「鞄職人としてやってこれたのは母の姿が原風景にあったから」と英三は言う。

太平洋戦争末期、母と息子たちは秋田県大館市のはずれに疎開した。冬はとにかく寒かった。障子の隙間から雪が白い筋になってスーッと吹き込む。もともと病弱だった母は、やつれ果てた。「あばら骨が浮き出て、皮膚が骨の間に窪んでしまうほどでね、親戚の一人が見るに見かねて知り合いの湯治場に住まわせてくれたんですよ。母が作ったおやきを兄弟で売りに行くと、湯治場の客に買ってもらえたし、湯殿で湯治客の腰に、湯杓で汲んだ湯を打ち付ける湯たたきもやりましたよ。湯たたき百回で5厘だったかな。兄たちも自分も、もらったお金は母に『はい、お母ちゃん』って渡してたね。とにかくどうやったら母を喜ばせられるか、そればっかし考えてたんだよね」

たまにあんパンを1個買えたら、兄弟3人で分け合った。戦中、見知らぬ東北の温泉地で病弱な母を支えた兄弟。その絆は、英三の土台となる。

2人の兄は、尋常小学校、高等科を卒業すると就職した。

英三は、中学卒業が迫った頃、働きに行った農家で養子にならないかと誘われた。その家は夫妻で教師をしている兼業農家。高校進学が叶わなかった兄たちと違い、大学まで出してくれるという。試しに高校を受験してみたところ、上位の成績で合格した。ただ、農家の仕事は夜明けから日没まで腰を曲げどおしで、腰が痛くてたまらない。せっかくの話だったが、辞退した。

母は、兄弟が手に職をつけることを日ごろから勧めていた。大学を出て一流企業に勤めていながら、保証人を引き受けたために家族を困窮の底に落としてしまった夫と違い、技術を身につけていれば、一生、自分の道を歩いていける、そんな思いがあったのではないだろうか。また自身の和裁への誇りもあっただろう。英三は、そもそも手仕事が嫌いではなかった。理容店か洋服の仕立てをやろうかとも考えていた。

農家への養子の話を断わった英三は、昭和26年に中学を卒業すると、東京へ戻った。そして父方の叔父が経営していた「東京製靴」に入社した。「でも叔父と甥の関係なので、かなり甘えていましたね。仲が良かったんでね」。2カ月ほど経った時、叔父は身内の甘えが出ると本人のためにならないと考え、こう言った。「俺はお前に甘いし、お前も俺に甘えている。他人の飯を食ってきたらどうだ」。そして友人の鞄職人、八木廉太郎氏のもとへ弟子入りした。

丁稚奉公の日々

現在の東京都台東区千束。この吉原遊郭にほど近い職人のまちで、15歳の丁稚奉公が始まった。

朝5時に起きて家の中と外を2時間かけて掃除する。職人たちが起きてきたら、食事をしている間に布団をたたんで押入れにしまう。寝ていた場所を仕事場にできるよう、職人たちの道具を全部出して段取りをする。

職人が食事を終えた後、やっと朝食だ。前日の残りの冷えた外米だったが、それさえほとんど残っていない。おかずもいいところはすべて食べられ、味噌汁の具もほとんどない。冷えたご飯に汁だけをかけてかきこむ。食べ終えるのに1分もかからなかった。

それから寝ている師匠の足元で正座し、手をついて「おはようございます」と挨拶をする。かすかに「ふむ」という声。どうせ見ていないだろうと、手をつかず挨拶したことがあった。すると後からきつく叱られた。だから必ず、正座をして手をついて畳に頭をつけるのだ。

やがて師匠が起きてくると、師匠夫妻の布団を押し入れに片づけて師匠の仕事場を作る。包丁、錐、鋏。道具はぴったりと一直線に尻をそろえてまっすぐ置く。

朝食を終えた師匠がたばこを吸う。その香りに大人の男を感じた。技を磨き上げ、職人たちを率いて自分の城を築いている。自分も吸ってみたいなあと15歳の少年は思った。

最年少だから雑用も多い。鞄に使うファスナーを買いに吉田工業まで自転車で走らされる。昭和9年に創業した吉田工業所（現ＹＫＫグループ）はファスナーの加工販売を行っていたが、昭和20年の東京大空襲で工場を全焼。一度解散し、昭和26年に本社を日本橋馬喰町において再出発したばかりだった。当時のファスナーは、職人が股の間に布をはさみ、金属の歯を1個1個布に打ち込んで作っていた。

「自転車をこいでお使いに行くとね、創業者の吉田忠雄さんが『おー、よく来たな』と言ってお駄賃にキャラメルをくれたんです。1箱ではなく、1粒ね。そのおいしかったこと。脳天がとろけるようだったね」

当時、隅田川界隈では、焼け野原からものづくり産業の芽が出始めていたのだ。いや、東京に限らず、日本中が焼け野原から立ち上がりつつある時代だった。

お使いは救いだった。自転車をこぎながら寝られるのである。「昭和20年代、自動車なんてまだほとんど走ってなかった。ぶつかるとしてもせいぜいスクーターくらい。でも、電柱にはよくぶつかったなあ。生傷が絶えなかった」と笑う。

自分の衣類を洗濯していると、先輩が「これも洗っておけ」と、その上に積み上げていく。とにかく朝から夜中まで働いた。1日4食、食べられることが唯一の救いだった。

3カ月が過ぎた頃、初めて師匠が声をかけてくれた。そして机の上に包丁を2本、置いていった。

「僕にくれるのかな。親方、革を切ってみろってことかな」

こんなところに英三の天真爛漫な末っ子らしさがにじみ出る。

「バカか、研いどけってことだよ。俺でも親方に包丁なんかもらったことないぞ」と兄弟子に怒鳴られた。革の裁断は1ミリでもずれると高価な材料をムダにしてしまう。わずか3カ月でそんな重要な仕事をさせてもらえるはずがなかった。

兄弟子が研ぐ様子をまねてやってみたが、何度やってもダメ出しされる。やっとわかったのは、頬に当ててるとさっと産毛が切れる切れ味に仕上げるのが、プロの道具だということだった。

仕事中に居眠りをすると、師匠の物差しでポンとやられた。育ち盛りの15歳。いくら寝ても寝足りない、いくら食べても腹が減る。職人の給料が月1万円のところ、丁稚奉公の3年間、給料は月５００円だった。

両親と兄たちに会いたくて、夜、布団の中で泣いた。貧しくても家族の温もりに包まれていた日々がたまらなく懐かしかった。しかし涙は長くは続かない。身を粉にして働く丁稚は、コトリと眠りに落ちていた。

師匠が作った鞄の多くは、銀座の谷澤鞄店に納品されていた。「隅田川沿いには材料の革を作るなめし工場、鞄工場、金具などの部品屋さんが集まっていて、できた製品は川を下って銀座の専門店や百貨店に納められたのです」。台東区立産業研修センター内にある皮革産業資料館の資料によると、江戸時代中期から皮革産業が集まり、明治時代に西洋文化が入って装いが洋風化したことで、皮革産業も近代化され、新しい産業として振興した。

資料館に「銀座タニザワ鞄店寄贈」と書かれたワニ革のボストンバッグが展示されていた。立ち上る品格と高級感。紳士の持ち物として鞄がいかに重要な意味をもっていたかがひしひしと伝わってきた。

「師匠の手は、それ自体が鞄を作るための道具のようでした。革から信じられないほど美しいものを生み出す。女にはだらしなかったけどね」

鬼気迫る職人の仕事

職人魂を英三はこう振り返る。「職人というのは男ですから、男の仕事、とりわけものづくりの究極には女性がいる。近くにある吉原から電話がかかってくるんです。当時、電話は向かいの酒屋にしかなくて、そこから電話だよーって私を呼びにくるんです。電話に出ると先輩からで、親方から金借りて持ってきてくれって。『いかほどですか』と聞くと、月の給料が1万円の時に3万円って。それが月に何度もです。吉原大門をくぐって金を持って行くと、逃げられないように女物の襦袢を着せられた先輩が出てくるんです。『おう、英三、すまなかったな。後から蕎麦でも奢ってやるよ』って言って、金を受け取る。そうやって借金を重ねるもんだから、いくら腕がよくても独立もできない。でもね、女でこさえた借金を返すために、艶のある、なんともいえないいい仕事をするんです。職人が心底惚れた女のためにする仕事は鬼気迫るものがある。僕は両親の生活を助けなくてはいけなくて芸事にお金を使うことはできなかったけれど、師匠や先輩を見ていて、この人たちの仕事は超えられないと今でも思うことがあります」

師匠がハラコのバッグを納めた話も語ってくれた。

「ハラコっていうのは、母牛の胎内にいる子牛の革で、一度も外気に触れていなければ日光にも当たっていない。これは偶然にしか手に入らないものです。それが師匠のところに届いたことがありました。本当にきれいだった。なんともいえない色が美しく、吸い付くように柔らかい。師匠はそれをハンドバッグに仕立てました。留め金は中心に5カラットほどのダイヤ、その周りをダイヤが六つ囲むように埋め込まれていました。それを桐の箱に入れて、金粉で寿の文字を書いて、袱紗に包んで納めました。それは何に使われるものだったと思います？　半玉さんが一人前になるときのお祝いです。吉原に行って、師匠から言われた通りの口上を述べるんです。『本日はお日柄もよく』とかなんとか。すると向こうが『ありがたく頂戴します』とか言って、お返しに和菓子をくれました」

師匠や兄弟子たちの狂気と紙一重の情熱、技への傾倒が、鞄に魂を宿らせるのかもしれない。「料理人と同じでね、いい素材に会うと、身震いするような、自分が試されている気になる」と英三は言う。

ある日、師匠が、兄弟子たちと手縫いの競争をやってみろという。金銭を賭ける者まで現れた。英三は3人の先輩と対決する。しょせん勝てるはずがないと落ち着いて手縫いを進める英三に対して、先輩たちは圧倒的な速さを見せつけてやろうと気がはやった。すると縫い損じて糸をほどいては縫い直すというのを繰り返しているうちに、亀の歩みだった英三が追いつき、やがて追い越して一番に。賭けは膨らんで3万円にもなった。褒美に両親にも会いに行かせてもらえ、母に〝いの一番〟にお金を渡した。

師匠のところには弟子入りする後輩も後を絶たなかったが、皆、3カ月を待たずに辞めていった。いつまでたっても英三は最年少のまま。それでも丁稚奉公を続けたのは、手に職をつけて父母を助けたいという一心からだった。

職人が最高のものをお披露目する年に一度の展示会として、三越の逸品会という催しがあった。師匠は精魂込めて鞄を作っていた。「ところがあろうことか、私が居眠りして、師匠の鞄に墨を落として台無しにしてしまったんです。でも師匠はひと言も怒らなかった。それからずっと後、

英三の父・板垣源太郎、母の可つ

5歳のころの英三

右から長男・修一、英三、二男・航二

江美が生まれた時に師匠に挨拶に行きました。とても喜んでくれて、お前だけだって、来てくれたのって。そして聞いたんです、なんであの時に叱らなかったんですかって。そうしたら師匠がね、お前、あのときもし俺が怒ったら電車に飛び込んでたろう、俺はそこまでアホじゃねえよって。その10日後に、師匠は癌で亡くなりました」

親兄弟で立ち上げた三協鞄製所

19歳になり、両親と共に働く会社を設立すべく、師匠のもとを去る決心をする。すると師匠は想像もしなかった言葉を口にした。「うちの娘と結婚して、跡を継いでほしい」。自分を認めてくれていたのだとうれしく思ったが「師匠の仕事は必ずさせてもらいますから、どうか独立させてください」と頭を下げた。

昭和29年、叔父の東京製靴の場所を間借りして、浅草に両親と3人兄弟、家族5人で三協鞄製所を設立した。その名はもちろん、3兄弟で協力し合っていくという意味だ。まだ若い兄弟に代わって、鞄は作れないが父が社長に就任した。

三協鞄製所は朝8時から翌朝の3時、4時まで稼働した。同年、東京駅八重洲口に大丸東京店が開店し、この時、オープン記念商品として革ボストン1500本を受注した。これが最初の大口注文だった。1尺3寸、1尺4寸、1尺5寸を各500本である。材料を購入する資金は、質屋に通って調達した。悪いものを作ると信用がなくなるので、一切の手抜きをせずにやった。母は息子が会社を起こして家族で働ける喜びに泣いた。その嬉しい泣き顔を見て「おかあちゃん、なんかあったらいつでも言ってくれよ」と言える息子の誇らしさ。絶対に会社をつぶしてはならないと固く誓った。

英三は冗談めかしてこう言う。「注文がたくさんあって手が足りない。でも他人を雇うと長時間労働で労働基準法にひっかかる。合法なのは嫁さんをもらうこと」

25歳の時、近所の八百屋さんの紹介で高野貴美子と出会った。

貴美子の父は東京・三河島で運送業を営んでいた。戦争中は家族を茨城に疎開させて東京で仕事を続けたが、男前で女性にもてたので、貴美子の母は時々、貴美子を東京の父の偵察に行かせたほど。戦後、その父が病に倒れたため、貴美子は高給だった東京都交通局のバスガイドに応募して見事、試験に受かり、バスガイドとして働いていた。朗らかさ、笑顔、元気で張りのある声、江戸っ子の気っ風の良さ。そのすべてが英三を魅了した。

ふたりのデートは近所を走る都電荒川線の三ノ輪橋停留場と荒川区役所前停留場の間を行ったり来たりすること。片道は電車に乗り、片道は歩き、それでもまだ名残惜しくて何度も往復しながらふたりの時間をいとおしんだ。ともに下町育ち。東京は、オリンピックに向けて大きく変化する最中だ。頭上に高速道路が築かれ、街並みが一変していく。そんななかで隅田川沿いの職人のまちは変わらぬたたずまいを残しながらも、変化する東京のエネルギーのるつぼの真っただ中にあった。

現在の都営荒川線三ノ輪橋駅は、昭和30年頃をイメージしてレトロ調のデザインにリニューアルされている。鉄骨を組み合わせたアーチは蔦で覆われ、三ノ輪橋の銘板が銅板で作られて掲げられている。薄暮の時刻、停車場に電車が到着すると、その明かりに蔦の緑が柔らかく照らされる。競馬新聞を丸めて持つハンチング帽の老人や、幼な子を連れた母親が乗り降りする。お祭りの宵のような心地よい喧騒に浸っていると、このにぎわいのなかに、当時のふたりがいるような気がした。

夫になり、父になる

アジア初開催のオリンピックを2年後に控えた昭和37年3月、ふたりは結婚した。英三27歳、貴美子24歳。結婚式は荒川区役所に隣接した荒川区会館で挙げることになった。

三協鞄製所は、経営を安定させるために、来る仕事は拒まなかった。納期に間に合わせるには徹夜の連続になることも珍しくなかった。結婚式当日も朝まで仕事をしてから、理髪店に駆け込んだ。

眠り込んだ英三を店主はそのままにしてくれた。いつも徹夜仕事をしているのを知っていたからだ。「『今日は結婚式なんだ』って言っとけばよかったんだけど、何も言わなかったばっかりに、ご丁寧に毛布までかけてゆっくり寝かせてくれたんだ」

待てど暮らせど花婿は来ない。花嫁の心中や、いかに。招待客が待ち構える式場に、花婿は大遅刻で駆け込んだのだった。

新居も都電沿線だった。熊野前停留場と宮ノ前停留場の間。ここはかつて尾久三業地という花街だった。どこからともなく三味線が聞こえ、粋筋の和服姿の女性たちが行き交う艶めいた街の一角に、中古の家を買って新居を構えた。

ほどなくふたりは、かけがえのない命を授かる。昭和37年、長女江美が誕生した。江戸の「江」と、最愛の妻・貴美子の「美」で、江美である。しかしその頃も徹夜仕事が続き、産後3日経っても会いに行けなかった。貴美子は「親戚には男の子が生まれてるのにうちは女の子でがっかりして来ないのかしら」と、悲しくなった。実は、ついに父親となり家族への責任の重さを実感して、将来どうやって仕事を伸ばしていけばいいのか、重圧を感じていたがゆえに仕事がはかどらず、会いに行けなかったのだった。

住まいの斜め向かいには、昭和11年に「阿部定事件」が起きた料亭があった。日本の刑事事件史上でも屈指の猟奇的事件である。惨劇を知るであろう料亭のおばあさんは、赤ん坊の江美をかわいがってくれた。「中2階に隠し部屋があって、壁には当時でもまだ薄い墨汁を撒いたような血の跡が見えたんだよ」と英三は言う。

昭和39年、東京オリンピック開催。戦後はもはや終わったとされ、日本は経済成長の階段を駆け上っていった。世は航空機時代となり、海外旅行も自由化された。国民の可処分所得が増えるにつれて、夢の海外旅行が現実になっていった。

三協鞄製所も、時代に対応した鞄を作ろう、そして仙台の板垣家を再興しようと燃えていた。

そんななか、英三、貴美子の間には長男英一、次女恵子が生まれた。家族は活気に満ち、平和が続いていた。

板垣一家、津軽海峡を渡る

大阪の鞄卸業、新川柳商店が昭和27年にエース商標を選定し、米国のサムソナイト社と技術提携したのも、高度経済成長の時代の波を読んだ選択だった。サムソナイトは大型スーツケースの代名詞ともされ、サムソナイトを持って海外旅行をすることが大衆の憧れだった。同商店はエース株式会社として神奈川県小田原市にサムソナイト用の工場を建設。これは卸問屋が製造に乗り出す転換点となったとともに、米国ブランドでの製鞄という点でも画期的だった。

そんな時、次兄の航二が、エース株式会社の依頼で小田原工場の立ち上げに協力することになった。3兄弟の妻たちはそろって反対したが、次兄が承諾したものを覆すことはできない。一家は三協鞄製所をたたんで小田原へ移ることになった。工場は売って換金し、社員には退職金を払って会社を整理した。

エースでは「ノックダウン方式」が採られた。これは、部品を米国のサムソナイト社から買って組み立てて製品にする方式である。従来は、商社が完成品のサムソナイトを米国から輸入し百貨店で販売していたため、非常に高価だった。しかし国内で組み立てができるようになって、サムソナイトは手の届くブランド品として市場を席捲した。

それまで伝統的な鞄職人として生きてきた英三にとって、鞄を縫うのではなく組み立てるという仕事はどうだったのだろう。「ABS樹脂の板を熱して真空でバキュームして型を作り、そこに枠をはめ込んで成形するのです」と英三は最新鋭工場を振り返る。

エース株式会社が右肩上がりの成長で工場拡張を検討していたなか、北海道からの工場誘致があった。多くの産炭地を抱える北海道は、石炭から石油へのエネルギー転換のなかで、地域の浮沈を懸けた工場誘致に動いていたのだ。3代目北海道知事の堂垣内尚弘氏がトップセールスにあたっていた。

ここで赤平市の歴史をひもといてみよう。明治24年、熊本県人6人が南隣の歌志内から山越えで現在の市の東部に入植したのが始まりだ。大正2年、鉄道が開通し、大正6年以後、次々と炭鉱が開かれた。昭和14年、住友赤平炭鉱の開坑で本格的な石炭のまちとなる。

北海道の石炭産業の最盛期は1960年代で、150以上の炭鉱が稼働していた。その生産量は約2300万トン（昭和41年度）以上。これは国内生産量の半分近くを占める。もちろん日本最大の産炭地であった。そのなかでも赤平は代表的な炭鉱のまちで、22カ所が稼働し、人口は5万人を超えた。赤平市は、石炭を通して日本の戦後復興と工業化に大きな役割を果たしていたのだ。

しかし、朝鮮戦争後の経済不況と石油輸入自由化によって、情勢は大きく変わった。石炭から石油へ、国は石炭産業の合理化を進め、赤平市内の炭鉱は昭和40年には10カ所に激減した。

炭鉱離職者は、赤平で他の職に就けなければまちを出ていくしかない。住み慣れた赤平で暮ら

赤平の風景について語る英三(上写真)と、まちを流れる空知川

すことはできないのか。市にとっても、雇用を確保して人口流出を食い止めることが重要な命題となった。

赤平市は昭和30年代後半から石炭産業一本ではなく、鉱工業との二本立ての産業政策を打ち出していた。周辺の市町に先がけて、いち早く市条例で「赤平市工場設置奨励条例」を制定し、工場を新設した企業への奨励政策を進めた。昭和40年には「工場」を「工業」に改め、範囲を拡大した「赤平市工業振興促進条例」を制定し、助成制度を拡充。さらに昭和63年には「工業」を「企業」へと、さらに対象を拡大した。国、道における優遇政策が並行して進められるなかで、工場・工業への限定を打ち破った赤平のやり方は注目されたという。こうして幅広い分野の企業が進出しやすい条件が整えられ、平成10年までに十数社が進出した。とりわけ昭和63年からの10年間は「一年一企業」政策がとられた。そこにはまちの存続が懸かっていた。

赤平市が懸命の企業誘致を進めるなか、昭和45年、英三はエース株式会社の開発部長として芦別市、夕張市など他の産炭地への視察も兼ねて、初めて赤平市を訪れた。市長や商工関係者の熱意に加え、土地の安さも魅力で、エース株式会社はエースバッグ赤平工場建設を決定した。

翌年、36歳の英三は家族を残し、単身渡道して工場建設にあたった。数億円もの機械を導入する設備投資、徹底した品質管理を行った。

昭和51年からは家族を赤平に呼び寄せて、貴美子と子ども3人、家族5人の暮らしが始まった。都会っ子たちにとって、北国・赤平での暮らしは驚きの連続だった。

キャスター付き鞄のアイデア

昭和55年、エース株式会社40周年で社長が交代した際に、新しい商品アイデアを出すよう通達があったので、英三は「キャスター付きで引いて歩ける鞄」を提案した。その発想は、赤平に工場を建設したばかりの頃、頻繁に小田原工場と行き来をしなければならなかった際の経験によるものだった。「小田原工場から『ついでに赤平へ持っていって』と、総重量で40〜50キロにもなる部材を持たされるんです。当時は宅配便なんてありませんでしたから。小田原から汽車を乗り継いで青森へ、青函連絡船に乗り換えて、函館に上陸するとまた汽車を乗り継いで赤平まで。この長旅に50キロもの荷物はきついですよ。それで試しにキャスターをつけてみたんです。でも小さな車輪だとすぐに壊れてしまう。そこで大阪の大学に3カ月泊まり込んで丈夫な車輪を作ってもらい、100キロぐらいの荷物の入った鞄を引いてグラウンドを走り回ってもらいました。それを当時の会社で売り出した。今、皆さんがもっているキャリーバッグです。特許を取ればよかったのにと言われますが、取得を見送ったのは『ゴロゴロ転がすような鞄は紳士のステイタスに反する。旅とは、ソフト帽にコートを着て、提げ鞄を持つべき』というイメージにこだわるオーナーの意向があったんです。私は皆さんが楽に荷物を運べるようになったのなら、本望です」

キャスター付きの鞄は爆発的なヒットとなった。百貨店はこの商品を手に入れたいばかりに、在庫化していた鞄も無理をして一緒に仕入れたほどだったという。赤平工場は創業時の38人から倉庫、社宅、そして最新鋭組み立て工場と、続々と規模を拡大し、昭和54年にはスーツケース300万個製造記念式を行うほどに発展した。

世界中の空港に、駅に、キャスター付きのスーツケースがあふれるのに長い時間はかからなかった。今や人々は、鞄をゴロゴロ転がしながら旅をしている。「やっぱり特許を取っていたら、鞄で世界を制覇できたかもしれなかったのに。雇われの身では思うようにいかないな」と、英三は心底思った。日々の仕事は忙しく、休む間もない。生活も楽にならない。胸のなかに、ある気持ちが膨らんでいった。

独立、創業へ

昭和56年5月のある日の夕食後、家族を前に英三はこう言った。「会社を作ろうと思うんだが、どうだろう」。予想もしない唐突な言葉に一同、ぽかんとするしかない。誰かが「どんな会社?」

と聞いてきた。「もちろん鞄を作って売る会社だよ」

「それならパパが社長になるの？　かっこいいね！」と無邪気な笑顔を見せたのは末娘の恵子だけだった。この時、英三46歳、貴美子43歳、江美18歳、英一16歳、恵子14歳。

江美は切実な問いをぶつけた。「会社を作って本当にやっていけるの？　どこで？　お金はあるの？」。「お金なんてないわよ」と即答したのは貴美子だ。「じゃあ、どうやって会社を作るの？」。

家族会議は遅くまで続いた。貴美子には、これ以上会社にとどまっても経済的にじり貧であることはわかっていた。だからこそ、生命保険会社で働いて家計を助けていた。しかし保険の仕事は交際費での出費が多く、手元にはあまり残らない。やがて、江戸っ子バスガイド仕込みの張りのある声が響いた。「どっちに転んでもダメなら、やろう！　私も今の会社を辞めてお父さんとがんばるわ。みんなも手伝ってね」。母にそう言われたら、子どもたちは受け入れるしかない。

まずは会社からの退職である。容易には受け入れられないだろうとの予想通り、1通目の辞表は責任者に目の前で破られた。

2通目は一応、預かってはもらえた。しかし、「オーナーの直轄事項だからいつ受理できるかわからない」。ついには、大阪からオーナーが自ら、赤平に来て貴美子を説得する事態に。貴美子は「主人は言い出したら曲げない、頑固な人なので」と言うしかなかった。この時、英三は持病の胃潰瘍で入院していた。

ようやく辞表が正式に受理されたのは、最初に辞表を出してから8カ月後の昭和57年1月だった。独立することを、当時の赤平市長の佐々木肇氏に伝えに行くと、「ぜひ赤平でやってください。市も協力しますから」と言われた。

そしてその年の10月2日、旧教員住宅1棟2戸建てを工場として、株式会社いたがきは誕生した。家賃は1カ月500円だった。

始めたばかりの会社は、すべて現金でなければ買い入れができなかった。仕入れは、担保を入れてくれと言われたが、担保などあるはずがない。すると相手の商社は歩積みを要求した。革1枚が2万円のところ2万4000円で買って、4000円を先方に預託するのだ。そのうち歩積金がたまって数百万円にもなった。税理士に相談すると、税務申告していないので脱税になると忠告された。根っからの職人である英三には大ショックだった。すぐに先方の商社に抗議を申し入れると、本社専務が飛んできて平謝りに謝られたが、後から修正申告をしなければならず、たいへん苦い経験になったと振り返る。

さらに、エース株式会社のような大工場ならいざ知らず、小規模で鞄の製造を始めるには、赤平は不向きだとわかった。英三が修業し三協鞄製所を営んだ隅田川沿いの界隈には革、金具、ファ

工房での作業風景

創業当時の風景。工房での英三、昭和63年ごろから建て替えるまで使用していた旧社屋、初代鞍ショルダーや金具類、浅草時代に使っていたのと同じ鍛冶屋から仕入れた道具類

スナー、道具など関連産業が集積していたが、赤平、いや北海道にはそれがない。材料の調達、機械の整備、メンテナンス、すべてを東京から呼ばなければならない。今でこそ高速道路で新千歳空港から2時間だが、道央道開通前は3時間半、列車でも約3時間かかった。しかも格安航空券などなく、旅費は高額だった。

東京に材料注文の電話1本かけるのも長距離通話になり、少しでも話が長引くと知らぬ間に料金がかさむ。苦肉の策として電話局から赤電話を借りることを思いついた。十円硬貨を山のように積み上げ、チャリンと硬貨が落ちる音で通話時間を切り上げた。

最初の製品が鞍ショルダーだった。硬い革で作るのは至難の技だったが、馬の背に沿う鞍ならではの優美な曲線、どの方向から見ても完成されたフォルム、端正なステッチ。ある人物に鞍ショルダーを見せた英三は、うれしい言葉を聞く。「『エルメス』の日本の責任者だった淺川元司さんに見ていただいたんですよ。淺川さんはかなり驚かれてね。『これはエルメスで作りたかった。なぜならエルメスは馬具から始まったメーカーだから。ちなみにエルメスで売れば80万円くらいですよ』とおっしゃいました。僕が7万5000円ですと言うと、『安すぎる。安売りはしないで大切に売ってほしい』と言っていただきました」

そんな目利きの高い評価とは裏腹に、鞍ショルダーは年に1個売れるかどうかだった。キーホルダーやドル入れなど、安価なものの売り上げでなんとか事業をつないでいたが、小売店でも委託販売のため、置いてもらえても売れずに返された商品は傷だらけ。創業後、数年経った頃には金策に行き詰まった。

苦悶の日々

月末が来るのが恐ろしくてたまらない日々が続く。銀行に融資を頼むと、夜10時半に来るようにといわれ、行って午前2時頃までねばる。土下座しても融資してもらえず、帰ってくる。妻の実家など思いつくところからはすべて借金をし尽くしていた。

万策尽きた。英三と貴美子は工場で向き合っていた。突然貴美子が言った。「お父さん、柱に縄をかける?」。英三は心臓をつかまれたようにドキッとした。同じことを考えていたからだ。「そうしようか」とつぶやいて、互いに沈黙した。

どれくらい時間が経っただろうか、貴美子が「お父さん、ちょっと行ってくるから」と立ち上がった。英三が「ひとりで先にいくんじゃないだろうな」と尋ねると、「そんなことしないわ。死ぬときは一緒よ」と言う。ならば妻はいったいどこに行くというのか。貴美子の背中を見送った英三がしたことといえば、鞄を縫うことだった。手を動かすしか、ひとりの時間をやりすごす術がなかった。いや、そんなときでも、手は動いたということだろうか。職人の手というのは、本人の意思とは違う次元にあるのかもしれない。夢中で鞄に向かい、どれくらい時間が経っただろうか。足音がして顔を上げると、「これ」と、貴美子が目の前にそっと分厚い封筒を差し出した。月末を越えられる100万円だった。

貴美子は「お腹すいたでしょ」と、菓子パンを置いてお茶を入れに台所へ立った。「どこから?」と聞くと「森田さんから」と貴美子。貴美子が勤務していた安田生命赤平支店の同僚の森田春子氏だった。「森田さんは何を思ってこんな大金を都合してくれたのだろう」。菓子パンをむさぼり食べながら英三は「男ってだらしがないなー」と声にならない声を絞り出して、手を合わせた。菓子パンは涙の味がした。

数年が経ち、返済のめどがたってきた。「長い間、お借りしたのだから」と利息分の支払いを申し出たが受け取ってもらえず、ならばご夫婦で温泉にでもと誘ったが、それも固辞された。「商売は1円足りなくても潰れることがあります。板垣さんが、この先も栄えていかれることが自分の喜びなのです」と彼女は言った。

会社設立当初は、周囲から「板垣はアイデアマンだが経営者ではない。すぐに倒産するぞ」とも言われた。「石にかじりついてでもがんばれ」と励ましてくれた人もいる。また、経営者は従業員に給料を払えなかったら首吊りしてでも払う厳しい覚悟でやらねばならないとアドバイスをくれた人もいる。

昭和63年10月、旧教員住宅前に約70坪の工場を完成させた。それまでは商品の種類が増えても、見てもらう場所がなかったが、新工場では道路に面した方をショールームにした。

一番弟子

そんな苦闘の日々のなかでも、英三は、障害者が働く作業所で革工芸の講師を務めていた。そこで英三の技に魅せられた車椅子の青年が、一番弟子となる。ものづくりの技と心が美しい波紋を広げる例として紹介したい。

その青年の名は羽原正吉。羽原は17歳の時、オートバイ事故に遭い、10年にも及ぶ苦しい闘病とリハビリを経て、ようやく車椅子での移動ができるようになった。そして自立の道を模索して作業所に通い、いたがきの門を叩いたのが昭和59年2月のことだった。

当時の工場の入り口には段差があった。段差を越えるには車椅子を持ち上げなければならない。車椅子ごと羽原を持ち上げた英三は、なんと重たいのだろうと思った。その気づきが後のバリアフリー社屋につながるのだが、それはまだ遠い先のことだ。

面接は8時間に及んだ。羽原の障害を理解し、その能力を十分に伸ばすことが自分にできるだろうか。車椅子での移動ひとつとっても高いハードルがある。英三は逡巡した挙句、羽原との間で次の約束をした。

1、困ったことがあったら遠慮せずに何でも相談すること。

2、人間関係を大切にすること。

3、私の言うことを素直に聞くこと。

4、何か事を成すときは事前に相談すること。

職場に雇用する側とされる側が交わす約束事にしては、ちょっと違和感があると感じるのは私だけだろうか。英三の覚悟の大きさを表しているとともに、実はもうひとつの理由があった。「私は羽原君に、単にうちで働くだけでなく、将来独立することを前提に技術の習得に励むよう勧めたのです」

羽原の住まいは札幌市南区簾舞。高速道路網が整った今日でも、車で2時間以上かかる。約1年半の間、羽原はそこから赤平市幌岡まで通い続けた。専務だった江美は、実直な人柄の羽原を兄と慕うようになった。そんな2人の信頼関係から生まれたのが品番E160の財布だ。

この財布の商品名は「ドル入付札入れ」。お札、小銭、カードが上からひと目で確認でき、使

赤平本店には車いすを常備し、入り口、ショールーム、通路は、建築を学ぶ学生が見学にくるほど、完全なバリアフリーとなっている

い勝手が抜群に良い。外ポケットが一つ、内ポケットが二つ、中仕切りポケットが一つ、小銭入れはファスナー開閉、カード入れは六つという、コンパクトなボディからは想像もできない高機能財布である。「作る側としてはたいへん手間のかかる難しい商品です。妥協することをよしとしない江美がデザインし、卓越した技術をもった羽原君の力で誕生した名品といってもいいでしょう。繊細な加工のできる羽原君の技術は素晴らしく、僕は『平成の左甚五郎』と命名したんだよ」

素直でまじめな人柄の羽原はめきめきと力をつけ、平成4年に独立。自宅を工房に改装し、障害者の自立はもちろん健常者も共に同じ空間で働ける場を作った。そして、協力工房としていたがきの財布やステーショナリーの製作を担った。

しかし、平成15年7月、羽原は突然、帰らぬ人となってしまった。

その後、羽原の遺志を受け継いだ妻とスタッフが「特定非営利活動法人　羽原コレクション」を平成18年に設立し、オリジナル製品やいたがきの製品を製作し続けている。

英三のものづくり精神は、タンポポの種のように、さまざまな土地で花を咲かせているのだ。

通販雑誌「カタログハウス」、寝台特急「北斗星」

いたがきの娘として頑張る若い江美の姿は多くの人々の共感を呼んだ。ホテル東急イン札幌すすきのアーケードの一角を貸してくれた東急不動産札幌総支配人の池田久利氏もそのひとり。すすきのの真ん中という貴重な場所を得て、江美は丸太にベニヤ板を渡して陳列棚とし、午前中から深夜までアーケードに立った。すると夏の繁忙期は１週間で１００万円以上の売り上げになった。当時はバブル全盛期、ホステスたちが客をホテルへ送り届ける際に立ち寄ると、彼女らに気前よくプレゼントする社長が少なくなかったのだ。英三と貴美子が徹夜で作り、江美が売る。家族が一丸となって邁進した。

「通販生活」を発行するカタログハウス（東京）の担当者が教員住宅の工場に来たのは昭和60年頃のことだった。鞍ショルダーを高く評価し、いきなり2分の1ページものスペースを割いてくれた。発注は30本くらいかと思いきや、最低でも１５０。英三と貴美子、そして数人の勢子(せこ)だけの生産体制では50〜80本がやっとだったが、寝る間を惜しんでひたすら作り続けた。英三は工場の隅にミカン箱を並べ、その上に畳を乗せて寝た。

その後も「通販生活」ではタウンボストンやトートバッグなど数多くのアイテムを紹介してもらい、ベスト17位にランクされたこともある。

年号が平成に変わる頃、赤平の名士である菊島節男氏の依頼で革製コースターを作った。赤平出身のママが営むすすきののバーにプレゼントするためだった。「それがＪＲ北海道の重役の目にとまりましてね、寝台特急『北斗星』の個室のルームキーのキーホルダーを作ってみてほしいと希望されたんです。江美と2人でJR北海道に行くと、役員の坂本真一さんが応対してくださって、デザインを画家の国松登さん、勝見渥さんに任されました。列車の通路は狭いですから、キーホルダーがプラスチックなどの硬質のものだと、ワインなどで気分のよくなったお客さまが振り回して壁に当たったり、万一にもケガをしたりなさってはいけないのでということでした」と英三は語る。坂本真一氏は後に同社社長、会長、相談役を歴任。公益社団法人北海道観光振興機構の初代会長として北海道の発展に大きな足跡を残した人物だ。

寝台特急「北斗星」は、前年の昭和63年に開通した青函トンネルを通って札幌と東京・上野を結ぶ列車だ。クラシックな雰囲気の寝台特急の旅は非日常そのもの。夜空を表す濃紺のメダルに北斗星の文字と星座の輝きが、キャメル色の革によく映えた。「すると乗車の記念に買って帰ることはできないかと購入のご希望をたくさんちょうだいしたんです。そこで北斗星グッズが生まれ、オリジナルキーホルダー2種類と小銭入れも作らせていただきました。車掌さんが直接販売する方式で、販売場所は『北斗星』の車中のみ。息の長い人気商品としていたがきを支えてくれました」

「北斗星」グッズの開発を共にしたJR北海道の勝見渥氏は赤平出身の画家で、道展の審査員

羽原との信頼関係から生まれたドル入付札入れ

第17位 板垣バッグ

使いこむほどに味の出てくる異色作家物。

北海道赤平市に工房をかまえるバッグ作家、板垣英三さんの代表作といえばご存知の『オープンポーチ』ですが、その板垣さんがまたまた傑作をつくりあげました。秋号誌上で発表と同時に大反響をよんだ『タウンボストン』です。この2点の売上げを合わせたら、一躍第17位に進出……。

板垣さんの鞄哲学は「親子三代にわたってつかえるバッグづくり」です。コトバだけでなしに本気で実践している作家気質に本誌は惚れこんでいます。

板垣バッグの牛革は通常の何倍もの時間をかけてタンニンの樹液で柔らかくなめした堅牢な革。板垣バッグが長期にわたって型くずれしないのはこのためです。

裁断はきちんと革の繊維に沿って断ち、特殊な馬具用のミシンで縫い上げていきます。

そして、デザインのシンプルな美しさ……これはもう作品写真をご覧になればおわかりですね。

両開きのファスナーで大きく開く。

素材：牛革、縦20.5×横30×マチ12.5cm、重さ750g、日本製

タウンボストン

商品番号40303

毎月5,250円×6回
分割価格31,500円
現金価格29,800円
（送料600円別）

使い捨て体質の女性には買ってもらいたくない。

板垣英三さん（バッグ作家）

素材：牛革、縦18×横27×マチ7.5cm、重さ600g、ストラップ長さ105〜120cm、日本製

板垣オープンポーチ・女性用II

商品番号40302

毎月6,550円×4回
分割価格26,200円
現金価格25,000円
（送料600円別）

ポーチと同色のカード入れつき。

◀手さげ用の把手。

30

1986年に『通販生活』(発行:カタログハウス)に掲載された誌面。この後注文が殺到する

でもある。勝見氏からは、彫刻家の流政之氏、北海道立近代美術館長の水上武夫氏という美術界の人脈を紹介された。一方英三は、古くからの友人である古川電工サッカー部の清雲栄純氏のもとでコーチをしていた岡田武史氏を北海道の人々につないだ。後に岡田氏はコンサドーレ札幌の監督となったのだから、人の縁は妙なるものである。

平成4年、JR北海道の呼びかけでアーティスト総勢30人が北欧3カ国を旅することになった。団長は坂本真一氏。新千歳空港駅のデザインをデンマークのデザイナー、ペア・アーノルディ氏に依頼したので、その完成の御礼を兼ねて北欧を訪問するという旅だった。国松登氏、キタバランドスケープの斉藤浩二氏など錚々たる面々に混じって、仕事の忙しい英三に代わり江美が参加した。二十代の江美はアイドル的存在。ヨーロッパの街の風景をスケッチする国松氏の膝で眠っていたことから「眠り姫」と呼ばれることにもなった。

ところが、姫はとんでもない行動派だった。帰路コペンハーゲンで一行と別れ、妹の恵子が留学していたドイツへ。そこで恵子の知人であるドイツ人のグナ・リューダースと出会う。平成5年にふたりは結婚し、長女、長男が生まれた。

「ズームイン!!朝！」、各地の北海道物産展

平成2年2月、元の工場に加えて約120坪の工場を増築した。これで総面積は180坪余りとなった。この増築に伴い、いたがきの黎明期を支えた小さな旧教員住宅は取り壊すことになった。

地縁も血縁もない北海道での起業。もがき苦しんだ歳月を共にした教員住宅だ。「心の中で手を合わせて拝みました。これを機に、休む間もなくいろいろなことが動き始めたんです」と英三は振り返る。

翌年9月には札幌市豊平区平岸3条5丁目に札幌店を開設した。英三の仕事が注目されるにつれて道外の百貨店からの引き合いも増えてきたのだが、札幌にショールームを兼ねたショップがあればという要望に応えてのことだった。

店の名は江美の名を冠して「leather craft by Emi」とした。この出店でうれしい大騒動が起きた。日本テレビの看板番組「ズームイン!!朝！」で全国に紹介されたのだ。放送と同時に店の電話が鳴り始めた。1日でなんと800件。電話対応にあたった唯一の事務員、山崎裕美が体調を崩したほどだった。その山崎は、今やいたがきの金庫番。社内一の倹約家で、1円のムダも見逃さず会社のお金を守っている。

全国の百貨店から北海道物産展への出店依頼が増えてきた。英三は貴美子とふたりで全国を行

脚した。催事は1店舗7日ほど。百貨店から百貨店へ、3カ月も赤平に帰らなかったこともある。

「人さまからは大変でしょうと言われましたがね、売れると一日一日がとても楽しく、たいへんと思ったことは一度もないです。知らない土地でいろいろな方々と鞄を通して楽しい会話ができて、人との触れ合いはなんと楽しいのかと思ったものですよ」と英三。

ほんとうだろうか——。英三の回想録『ひとすじの道』（平成20年、私家版）に、私はこんな一節を見つけた。「百貨店の一日が終わり、宿に帰ると私はベッドに横になるやたちまち、グーグーと寝入ってしまうのですが、妻はそれからひと仕事、ふた仕事が待っています。お風呂に入りながら2人分の洗濯、お風呂が大きな洗濯機のようなものでした。風呂から上がると、その日の売り上げの整理、報告書などなどをこなしてから、私より2時間、3時間遅れの就寝です。そんな姿に、丈夫な嫁を貰って本当に良かったなーと、何度も思ったものでしたが、今、考えると、なんと思いやりのない亭主だったことよと、深く反省しているところです」

貴美子がすべてを支えていたのだ。初めて訪れる街の百貨店で一日立ちっぱなしで、職人技を注ぎ込んだ商品の価値をお客さまにアピールするのは、それだけで泥のようにくたびれるだろう。当然、英三のようにばたっとベッドに倒れ込んで熟睡したかったに違いない。しかし貴美子は、すべての事務処理と翌日の準備を行っていたのだ。

それでいて貴美子は、みじんも疲れを見せなかった。江戸っ子らしい快活で歯切れのいい発声、あか抜けた振る舞い、結婚前のバスガイド経験から会話も上手とあって、たちまちお客の心をとらえたのだった。夫と、夫の作る鞄への慈愛がひしひしと伝わってくる。まるでやんちゃ坊主のような英三は、貴美子にとって愛すべきご亭主なのだろう。

しかし英三も単なる時代錯誤の亭主関白ではない。「お客さまとの会話からニーズがつかめて、商品作りに反映すると、売れるものがどんどんできてきたのです。私は一応、作るほうのプロですが、お客さまは使うプロ。お客さまとのコラボレーションというか、双方の思いが合致して初めて良いものが生まれることに気がつき、大きな収穫でした」と語る。

英三は、職人の情念が地層のように積もった東京・下町の職人のまちで修業をした。私は浅草界隈を訪ねるたび、江戸の粋や華が、微細な粒子となって漂っているのを感じる。それは人々のふとした所作から感じることもあれば、建物の意匠にはっとすることもある。現代のように、どこかにカタログがあって、そのステイタスや美の基準に沿って形づくられたものではない、何か。大げさに言えば、江戸幕府開闢以来、世界一の規模にまで膨らんだ近世の都が抱いてきた地霊のようなもの。英三は、その真髄を15歳の柔らかい心と体に刻み込んだのだと思う。

出店展開

北海道外でいたがきの商品が知られるにつれ、東京でのショップが待望されるようになった。平成6年、銀座、青山、自由が丘、横浜元町など、ファッションに敏感な街で出店の可能性を探ったが、なにしろ首都圏の一等地ばかりで家賃がべらぼうに高い。「途方に暮れましてね、古い友人の栗原一幸さんに相談したら、僕の店が空いているよとのこと。急ぐんだろうから現状のままとりあえず無料で使っていいよと言ってくれたのですが、さすがに無料は気が引けたので月に20万をお支払いしました。当時、札幌の平岸の家賃と同じでした。場所ですか？　麻布十番ですよ」

翌年、札幌店を閉め、「ｌｅａｔｈｅｒ ｃｒａｆｔ ｂｙ Ｅｍｉ」を東京・麻布十番にオープンした。道外進出、英三にとっては東京凱旋ともいえるかもしれない。古くからつながりのあったデザイナーの長井恒高氏もたびたび店を訪れ、ものづくりへの熱意を分かち合った。

しかしこの年は、早春から阪神淡路大震災、地下鉄サリン事件と、いたましい出来事がたて続けに起きた。社会不安は増大し、バブル経済は完全に破綻し、「失われた十年」と言われる低迷期に入っていた。

売り上げはなかなか伸びない。英三と貴美子は六畳一間・押し入れなしの部屋に2年間住みな

各店にあるネーム入れ。革がしっかりとしているので、熱を加えてプレスするイニシャルなどが美しく刻印される

がら、東京の城、麻布十番店を死守するためにもがき苦しむ。午前11時半に開店し、閉店は午後11時。六本木や赤坂から流れてくる感度の高い顧客をつかむには夜早くに閉めるわけにはいかなかった。

「苦しい毎日を過ごす者にとって、もう少し、もう少しと、どうしても欲が出てくるのが人情だが（中略）『もっと売る、もっと売りたい』と、自分本位でばかり考えていては、良い結果など出てこないことは、デパート催事でも学んできた。『どうしたらお客さまに満足していただけるか』を、お客さまの身になり、お客さまの目線で考え続けた」（『ひとすじの道』から）

そんななかでひらめいたのが、イニシャルの刻印だ。

アルファベットの文字盤を購入し、初めは手で革に打ち付けていた。やがてゴルフボール用のオンネーム機があることに思いついた。お客さまから指定されたイニシャルを革に刻印するのだ。流麗な英文字とタンニンなめしの革の相性は抜群だった。

その後、イニシャルとともに、直営店ごとの刻印も作った。赤平本店は鞍ショルダーのシルエット、新千歳空港店は北海道、京王プラザホテル札幌店は雪の結晶、新宿店は馬蹄、京都御池店は千鳥の刻印である。

麻布十番店と並行して、北海道物産展での縁から池袋の東武百貨店に常設売り場を設けることになった。７階文具売り場の畳一畳ほどのスペースだ。麻布から池袋まで電車を乗り継いで約１時間半。毎朝５時半にアパートを出て、麻布十番店から両手に商品の包みを抱えて池袋へ。地下の従業員室で着替えをし、７階の商品棚を掃除して商品を陳列する。百貨店が閉店すると後片付けをして、麻布十番に着くのは午後11時。それを毎日繰り返した。平成９年、消費税が３％から５％に上がる前の３月31日まではよく売れた。

翌年、英三は社長職を２代目・板垣英一にバトンタッチし、自らは取締役会長に就任した。そして、結婚してドイツに住んでいる江美のもとへ向かう。江美は、ドイツ政府による旧東ドイツの振興政策もあって、「Ｅｍ・ｉ　Ｉｔａｇａｋｉ　Ｄｅｓｉｇｎ」を起業していた。ヨーロッパでは長い歴史の中で王族、貴族の美意識によって皮革産業が磨き上げられてきた。それだけに革は付加価値の高い製品としてしか輸出されず、日本で材料として最高級のヨーロッパの革を入手するのは非常に困難だ。いたがきがベルギーの老舗タンナーの革を入手できるのは、「Ｅｍ・ｉ」があるからである。

英三は、日本から同行した職人らとともに、江美の事業を応援した。それと同時に、創業以来の鞍ショルダーに続く、さまざまな鞍シリーズのアイテムを考えた。騎馬文化の本場、ヨーロッパでの滞在で生まれたのが、鞍シリーズなのだ。

平成14年に東京営業所の機構を本社に移転。16年に英三が代表取締役社長に復帰し、英一は独立して、現在、滝川市で「Ｌｅａｔｈｅｒ　Ｓｔｕｄｉｏ　ＫＡＺＵ」を営んでいる。そして同年、京平成19年、専務取締役の江美が代表権を受託し、２人制代表取締役となった。そして同年、京王プラザホテル札幌のアーケードに直営店をつくった。ここにも恩人の存在がある。

当時、京王プラザホテル札幌の社長だった志村康洋氏（現京王プラザホテル代表取締役会長）は、偶然入った店で鞍ショルダーを見た。その時の志村氏の気持ちが「いたがき通信」２０１８年春号に寄稿されている。「オリジナリティあふれる洗練されたデザイン、素晴らしい素材と色合い、そして匠の技による確かな技術と職人魂のこもった製品に、私はたちまち魅了され、京王プラザホテルのテナントとしてぜひご出店いただきたいと思いました」。英三にしてみれば、品格あるシティホテルからの要請には戸惑うばかり。固辞するしかなかった。しかし、幾度もの要請を受け、ならばホテルの格式に背くことのない良い商品を作るという決意とともに出店を決断した。この出店で、いたがきの製品が海外からの賓客も多く訪れる京王プラザホテルの顧客の目に触れるようになった意味は大きい。

すし善創業者の嶋宮勤氏もまた、英三の理解者であり親友である。嶋宮氏は「現代の名工」として、すしという日本の食文化の頂点を極め、黄綬褒章、北海道功労賞を受賞している。「嶋宮

（右から）背負うと革ひもが閉まるので安心なM522リュックサック（上段2カット）、高品質な素材感と収納力で使う人を魅了するB501ハンドバッグ、工房を背景にしたE919鞍ショルダー、匠の技が息づくM507Sボストンバッグ

さんが浅草で修業していたのは戦後、日本の復興のために活躍していた政治家や俳優の高倉健さんをはじめとする著名人が来る名店でした。文化人、政財界のＶＩＰなどに鍛えられるなかで究極の職人の技と人間性を身に付けられた方だと思います。おおらかでわけへだてなく、ユーモアがある。各界の名士の皆さまにいたがきの仕事を紹介していただきました」と英三は語る。

平成20年に現在の社屋が完成。商品開発から製造、販売までを集約した。これによって本店、直営店、それぞれの位置づけが明確になった。

江美は直営店の開設についてこう語る。「直営店で製品の修理に対応することを通して、長年、お使いくださっているお客さまとさらに太いつながりをいただけるようになりました。お客さまとのコミュニケーション・スペースとして直営店を確立することを目指しています」。直営店は、単に製品を売る場ではなくコミュニケーションの場。直営店の販売スタッフは、作り手と使い手の橋渡し役である。

修理に持ち込まれる鞄は、使うプロであるお客さまの愛着が集積しているといってもいい。それに触れることは、社員にとって日々の仕事のやりがいにつながる。やりがいのある仕事は、生きがいにつながる。すると会社は、報酬のために働くだけの場ではなく、生きがいを共有できる場になる。それは社員一人一人が存続を担うコミュニティといえる。

この直営店構想によって、平成22年には京都三条店を開設（26年京都御池店へ移転）、24年に京王プラザホテル新宿店開設、29年に麻布十番店を閉店し、30年に中部国際空港セントレア店を開設した。

北海道らしさが伝わる京王プラザホテル札幌店の雪の結晶（右上）、開口部の使いやすいさと丸みのあるフォルムに特徴のあるE560タウンボストン（右下）、袱紗が入り、和装にも洋装にも合うパンプキンシリーズ（左上）、お客さまが修理に持ち込まれた製品（左下）

第3章
新天地、赤平の種となる

「学びの場」を創りたい

昭和24年に開校した赤平町立赤平高校から始まる北海道赤平高校の歴史が閉じたのは、平成27年3月末日のことだった。同校からは憲法学者の笹川紀勝氏、書家の石飛博光(いしとびはっこう)氏ら多くの人材が輩出している。地域の高校がなくなるというのは、まちの核のひとつが失われることに等しい。

英三は、希望あふれる地元の若者が、教育と雇用の機会がないばかりに故郷を離れることが残念でならなかった。そこで20年以上前から、ドイツのマイスター制度のような、職人を育成する教育機関を構想し始めた。「北海道の人は純粋で苦労に強いから、地道な職人仕事にも辛抱強くついてきてくれる。豊かな自然に囲まれていることは言うまでもない。そんなふうに日本の中で最も豊かな資源に恵まれていながら、北海道にはまだものづくりのノウハウが育っていない」と感じるようになったからだ。「赤平の『赤』、希望の『望』で、『赤望塾』はどうだろう」と夢想したりもした。

その表れが社員教育だ。英会話やビジネスマナー、発声の講師を招き、社員の知識とスキルを高めようとしている。地元から出たことがない若い社員は、よく言えば素直で純粋、悪く言えばおとなしくて覇気に欠ける。英三からみれば息子や孫の世代の社員たちに、外部からの刺激によって発奮してもらいたいという親心が見えてくる。

そんな講師のひとりが、「声の研修」を担当している萬崎由美子氏だ。北海道放送（ＨＢＣ）でアナウンサーとして活躍し、退職後はアナウンサーとしてはもちろん音声言語指導者として「声とことば塾」を主宰。大学やカルチャーセンターの講師でもある。萬崎氏はいたがきの印象をこう語る。「家庭的な雰囲気で社員の仲が良く、研修への姿勢も素直で熱心です。ヨガを取り入れた身体訓練と呼吸法によって、美しい姿勢と立ち居振る舞いを身につけていただき、お客さまとのコミュニケーションがとれるよう発音・発声法や話し方の指導をしてきました。研修を重ねるうちに、猫背の方も、見違えるように姿勢が良くなり、表情も明るくなって良い声に変わってきました」。一流の接客のための研修であると同時に、人生のスキルとしても重要なことだろう。

英三自身も講話を年1回、昼礼を月1回行っている。戦前の東京、疎開中の東北、戦後の経済復興に沸いた東京。東京下町の〝切った〟〝張った〟の任侠話も少なくない。20代の道産子社員には、映画の中の世界だろう。しかし茶目っ気あふれる英三の話は、80代の会長と社員の距離を一気に縮める力がある。

「あかびら匠塾」のネットワーク力

赤平市が産炭地対策で積極的な企業誘致を行ってきたのは先に述べた通りだ。菊島市長も赤平の歴史を「半世紀が炭鉱、残りの半世紀がものづくりのまち」ととらえている。「企業誘致によって現在のまちが成り立っていると言ってもいいほどです。はじめは誘致企業でしたが、年月を経て地域に根付き、今では地場産業だと思っています。この企業を守ることが、地域や雇用を守ることにつながり、人口減少に歯止めをかけることにもつながると考えています」と語る。

現在、赤平市は空知管内の工業出荷額3位を誇る。市内のものづくり企業が結集し、手を携えて次世代の人材育成を行いながら、活力あるまちづくりに取り組んでいるのが「あかびら匠塾」だ。企業代表者が集まる親会と、若手社員を中心とした青年部から成り立っている。

スローガンに掲げているのが「ものづくりを通した人づくり、そしてまちづくりへ」という言葉。そして三つの環境づくりに取り組んでいる。

1、ものづくりが手軽にできる環境

2、業種や年齢を超え、学び合える環境

3、チャレンジする人に優しい環境

ものづくりを始めるための障壁を減らし、何度でも挑戦・失敗ができる場を提供するのだという。この画期的な取り組みに参加している企業を空知川上流から列挙すると、空知単板工業、トルク精密工業、日高屋製菓、武藤工業、いたがき、日本レイシ、植松電機などとなる。

空知単板工業は、積層単板、化粧合板、ツキ板、スポーツフロア、ウッドテープなど、幅広い木製品の製造・販売を行う会社だ。特に複合フロアー用単板では日本一のシェアを誇っている（約35パーセント）。職人仕事を重んじ「生活に木のぬくもりとうるおい」を届けつつ、大量の木材を扱う企業として、地球環境への配慮から、原料の集材は合法的に伐採された木材から行うという取り組みを進めている。そのために目利きぞろいのバイヤーが世界中を飛び回って木を選んでいるというから驚きだ。地産地消の観点から、北海道産の針葉樹を使った合板の製造も推進している。「あかびら匠塾」の事務局は、空知単板工業内に置かれている。

トルク精密工業は、神奈川県でプレス加工会社として創業したが、昭和49年に赤平市からの企業誘致に応じて進出。プラスチック成形や金属プレス加工など、加工技術に秀でた会社である。最新鋭設備とノウハウの積み重ねで、加工の複合化という新分野で業界をリードしている。同社が扱うのは、車の部品から健康診断で使う検便の容器やスーツケースの部品、メモリーカードの部品など実に幅広い。経済産業省「明日の日本を支える元気なモノ作り中小企業３００社」に選ばれ、北海道チャレンジ企業表彰も受けている。

日高屋製菓は赤平市で昭和12年に創業。「北国ロマン秋楓美楽（あかびら）」をはじめとする取り寄せスイーツを製造している。黒ダイヤと呼ばれた石炭をモチーフにした「炭砿飴」「火文字焼」「空知川」「独歩最中」「岸辺餅」「ぼたやま」など、赤平の名を冠したお菓子を数多く提供している。

武藤工業は、木製建具、家具、木工事、サッシ工事などの会社。ゼネコンからの受注が多く、北海道全域で業務を行っている。戦前に建築請負業から始まり、現在は木工製品製造を主体として住宅新築・増改築工事、店舗改装などを行ってきたが、注文家具などの分野にもシフトしている。それを支えているのが、長年培った職人の技術だ。からだに優しい木のおもちゃの自社開発も手がけ、物をつかむことに慣れていない幼児の手でもしっかり持てる構造と適度な重量のおもちゃは指先や手の訓練に役立つ。

株式会社日本レイシは、赤平の豊かな自然環境を生かして、平成16年に漢方薬の王様ともされる「霊芝」の試験栽培を開始した。北海道で育った50年もののナラ原木に霊芝菌を培養しハウス内で栽培した霊芝子実体には高濃度の有効成分が含有される。霊芝の効能には血圧・血糖値・免疫力の正常化があげられ、高い薬効性と安全性に期待が高まっている。

植松電機は、小説『下町ロケット』の登場人物のモデルとも言われる植松努氏が社長を務める会社だ。主力商品はリサイクル現場で分別に使う電磁石だが、北海道大学と共同開発したCAMUI型ハイブリッドロケットによって低コストで安全な実験環境を提供し、宇宙開発に貢献している。広大な敷地を生かしてロケット燃焼実験ができ、それを目当てに世界の第一線の研究者が集まる。宇宙空間のような微小重力環境を生み出す実験施設は、新素材開発など、宇宙以外の分野にも貢献している。

教育にも熱心に取り組んでおり、モデルロケットの製作・打ち上げ体験では「失敗を恐れずに挑戦することの大切さ」を子どもたちに伝え、修学旅行での体験学習受け入れなど、地域活性化への貢献も大きい。自らの実践を通して「思うは招く。夢があればなんでもできる」と説く講演の評判は全国的に名高く、植松氏は既に全都府県を回っているという。

こうしてみると、赤平にはなぜか個性的なものづくり企業がそろっている。

「あかびら匠塾」の取り組みで最も画期的なことは共同商品開発だろう。これは企画、試作、プレゼンテーション、製作、販売、改善までのサイクルを自ら体験するものだ。木材、革、プラスチック、金属、植物……。参加企業はそれぞれの素材のプロであり、プロ同士がアイデアを出し合い、新たな価値を創造するのである。異業種同士の技術交流や素材の新たな用途の開拓など、その可能性は無限大だ。親会の匠たちから直接、話を聞く機会も重要だ。他社の経営者とじかに意見交換することで、青年部の意識が上がる。

人口減少によって若者が減っているのは、どの地域にも深刻な課題だ。自社の中だけでは若者のモチベーションの維持や問題解決が難しいこともある。親会のある経営者はこんなことを語ってくれた。「中小企業ではどうしても同世代のつながりが少ないのです。職場には年配の人が多いという場合も、他社の同世代と交流できることで、互いの悩みや不満を共有できることもあります。定着率のアップにも役立っていると思いますよ」

匠塾は、市内外のイベントに共同出店したり、学校への出前授業を行って、地域の子どもたちへのものづくり教育にも力を入れている。

「使うプロ」に支えられて

鞄は、ものを持ち運ぶための道具であることは確かだが、それ以上に装身具である。装身具は、持つ人の美意識と価値観を表すものだ。たとえば、ブランドのロゴからその人の価値観を読み取ることもある。ロゴは最もわかりやすいアイコンといえるだろう。

しかし一方で、ロゴなどついていなくとも、私たちは不思議なことに、ものの本質を察知できる。たとえばシルクやカシミアの上質さ、ピュアな木綿や麻の心地よさ。それぞれの個性と用途が合致して作られたものを手にするとき、幸福感で満たされるのはなぜなのだろうか。

それは表層的な記号とはケタ違いに複雑な何かが、私たちの魂に直接働きかけるからではないか。

革は生き物からできる。

牛は、生命を授けられてこの世に生まれ落ち、草を食んで成長する。地平線から朝日が昇り、反対側の地平線に沈む夕日を見送って、また朝が来て、草を食む。しかしそんな平和な時間には終わりがある。家畜という宿命を負って誕生した生命は、人間の都合でその終焉が決められているからだ。その肉は人が生きる糧になる。太古から人は、こうして家畜を利用することで生きてきた。

腐敗を防ぐために塩漬けされた牛の原皮は、グローバルな経済という仕組みに乗って太平洋を越える。そして、植物の渋であるタンニンなめしを専門とする皮革製造会社「栃木レザー」に到着する。巨大なドラムで洗浄され、石灰で塩と毛が除去される。そして牛の皮膚は、タンニンの薄い濃度の槽から濃い濃度の槽へと順々に浸けられ、細胞の中にしっかりとタンニンの成分をしみ込まされる。こうして皮膚は、腐敗しない堅牢な革に生まれ変わり、北海道・赤平に届けられ、縫い上げられて、いたがきの商品となっている。

タンニンなめしの革は、使い込むほどに深く濃い色になっていく。これは革に脂が入っていくから。定期的に革用クリームで油分を加え乾燥や劣化を防ぐことが必要不可欠だが、人の手で触れて手脂を革に移すのもとても良いそうだ。革も、人の手の皮膚も、同じ皮同士。「革とのスキンシップは心を和ませてくれるものですよ。お手入れ次第で革は百年でももちます。ご自分だけの経年変化を楽しんでみてくださいとお客さまにお伝えしています」と江美は言う。

とはいえ、革の鞄で最も気になるのが傷だ。「せっかくのきれいな表面に傷が付いたらどうしよう」と使うのをためらってしまうこともある。これについて実にわかりやすい説明が「いたがき通信」にあった。「新しい革を顕微鏡で見ると、牧草地の牧草のように革の繊維が立って並んでいます。そこに踏み込むと足跡が月のクレーターのように陥没してしまいます。新しい革が傷つきやすいのは、こうした理由です。けれども風が吹いて草が一定方向に寝ていれば、上を歩いても陥没しません。使い込んだ革は、この状態になっています。つまり、革は、使い始めの時期にこまめにお手入れをすると、立っている草のような表面の繊維がうまく寝てくれて損傷を受けにくくなり、傷が付きにくくなるのです」

革の表面は牧草地——。ああ、やっぱり革は生きている。

私は、いたがきの商品の愛用者としては、ほんのひよっ子だ。しかし数年間、財布や鞄ショルダーを使ってきて、命に触れていると感じるようになった。また、いたがきの名刺入れを手に初対面の人に名を名乗るたび、「一期一会」のほんとうの意味が、心の奥に響くようになった。財布も鞄ショルダーも、気が遠くなるほどの工程を経て、ここにあるのだと。

さらに、「いたがき通信」で衝撃的な文章を目にした。それはある愛用者からのものだ。「通勤

途中で見かけたあぶみリュック。背がすらりとしたアラフィフ世代とみられる女性が、ツヤツヤに育てたそれをチョコン！と膝にのせ、地下鉄の座席にすわったのです。もう欲しくてたまらなくなりました。ちどりの刻印が好きな私は、即、京都御池店で買いました」（「いたがき通信」2018年夏号）

「育てる」。なんという斬新な言葉だろう。ならば私もいたがきの製品を「育て」ながら、発見と驚きを楽しんでいこう。その可能性こそが、職人が作り出したものと日々を暮らすことの特権なのだと思う。

「鞄屋」としての決意が込められたいたがきのロゴマーク(赤平本店ショールーム)

英三の妻・貴美子が長年大切に使い続けてきた鞍ショルダー

エピローグ

ものづくり企業、未来へ

平成30年5月10日は、英三にとって特別な日となった。

「旭日単光章」を受勲し、天皇陛下に拝謁したのだ。功績は、中小企業振興。皇居豊明殿で陛下の「長い間、ご苦労さまでした」というお声を聴くことができたのは、人生最高の喜びだったという。「私は戦前に生まれて、天皇陛下を拝顔するなどありえないという時代に育ちました。ですから、あの日もお顔を拝謁する勇気はありませんでした。あまりにも厳かで、貴重な経験をさせていただきました。家内も同じ気持ちだと思います」

娘、江美は、父から受け継いだいたがきの根幹を次のように受け止め、継承している。

◎独自の発想で自ら時代のニーズをキャッチする――まねはしない
◎最高の素材を探し求め、最高の技術で形にする――手間を惜しまない
◎作ったものは自らの手で販売して、責任の所在を明確にする――人に頼らない

英三は昔の職人のまま、今に至ったのではない。最新鋭ラインの構築も経験した

うえで、職人として生き続けられる方策を探った。

その結果たどりついたのが「作り手と使い手が対面できる関係を保つ」ことであり、「作り手は自ら市場の動向をつかみ、ニーズに合ったものを形にしてお届けする」ということだった。

現代の私たちの生活においては、地球の何千キロも離れた土地の人が、どんな労働条件で作ったのかわからないものであふれている。それどころか、ものごとのバーチャル化が進み、何が実体で何が仮想かもわからない。本格的なＡＩ時代に突入したら、人間の意思や歴史もすべて相対化されて、単なる記号の群れになってしまうのではないか。

英三が東京の下町で培った職人魂はその対極にある。北海道・赤平の地にまかれた一粒の種は、ものづくり企業「いたがき」として花を咲かせ、さらなる発展を遂げていくことだろう。

作り手の技術、使い手の物語、その両方を包み込んで、鞄は人生の伴となる。

対談　山本 昌邦 × 板垣 英三

手間暇かけた革を職人の手で

板垣英三が最も信頼を寄せる栃木レザー社製のタンニンなめしの革。代表取締役社長山本昌邦氏と、鞄職人、タンナーそれぞれの視点から、その魅力を語った。

※株式会社いたがき創業35周年記念の講演内容(2017年10月14日開催)を編集・加筆しています。

栃木レザー株式会社 代表取締役社長

山本昌邦

山本昌邦(やまもと・まさくに)
栃木レザー株式会社代表取締役社長。昭和29年生まれ、静岡県立浜松商業高等学校卒業。商社勤務時代に革の買い付けに関わり、昭和60年、栃木皮革株式会社(現栃木レザー)に入社。2004年代表取締役に就任。靴、鞄、革小物、室内装飾などに上質なタンニンなめしの革を提供し続けている。

山本昌邦　牛、馬、豚、ヤギ、ヒツジ、ヘビ、ワニ、北海道ならシカと、それからダチョウ。これらの動物の共通点は、皮が人間に使われている生き物だということです。そして動物の皮は基本的になめして使います。世界に流通する革のほとんどは牛の革で、その用途はベルトや靴、車のシート、鞄などで約6割を占めています。30年ほど前までは、靴だけで約7割と言われていました。それが残念なことに、ここ30年の間に靴用が大きく減少し、年間約100億足の靴が作られていますが、スニーカーや運動靴が増えて、今は99%の靴が革以外の素材で作られています。皮革製品のシェアは、鞄においても1万個に1個が革の鞄というぐらい減っています。電車に「つり革」というのがありますが、あれも実際には革じゃないので、私はなるべく天然の革を使ってくださいと申し上げています。

人間と動物の皮の歴史を少し申し

上げますと、人類の歴史の中で、革と人間は密接に結びついています。動物と人間との結びつきの延長に皮があります。昔エスキモーは獲物の動物の肉を、雪の下の土を掘って保存しました。そして残った皮を噛んでなめしたといいます。なぜ噛んだかというと、人間の唾液にもわずかにタンニン（渋）が含まれていて、柔らかくするために噛んだそうです。

皮のなめし方には、大きく分けて化学薬品でなめす「クロームなめし（*Chemical tanning*）」と自然界の渋でなめす「タンニンなめし（*Natural tanning*）」の二つの方法があります。クロームなめしは、産業革命が起こった1700年代後半にイギリスで考案された熱や水に強い加工法で、現在、製法の95%を占めています。水に強いということで靴に利用されるようになり、一気に広まりました。現在はタンニンなめしは減少し、全世界の5%以下になって

㈱いたがき創業者

板垣英三 ×

います。なぜそこまでタンニンが衰退したかというと、なめすのに時間がかかるからです。

ナチュラルタンニンというのは、じっくり時間をかけてゆっくりと皮の中にタンニンをしみ込ませてなめさないといけない。タンニンは、私たちの生活のあらゆるものに存在しています。茶渋もそうですね。果実の皮、柿など果物の皮にもあります。なめすためには大量にタンニンを使うので、わが社ではアカシア系の樹木、ミモザの樹皮（ワットルバーク）をはいで熱して、抽出して、最終的に液体やパウダー状にしたタンニン剤を使っています。通常のタンニンなめしの革の状態にするには、気温や湿度、皮の状態をみながら約1カ月、タンニンの槽につけます。板垣さんのところで使っていただいている革は、約30槽のタンニンに濃度を徐々に上げて漬けるので、原料から出荷まで最低3カ月はかかります。これが靴の底革になると、

半年ぐらいタンニン槽に漬けるので、原皮から1年ぐらいかかります。

クロームなめしとタンニンなめしがどう違うかというと、よく言われるのは、クロームなめしは、買った時の価値が100%、その後は残念ながら劣化していくという表現になるということです。決してクロームなめしが悪いということではありません。タンニンなめしは使い始めが50%の価値だとすると、それを大事に使い続けて、自分の持ち味を持たせて100%にするもよし、80%にとどめるのもよし、いや120%までもっていけるぞ、というのが特徴です。いたがきさんの鞄を使われている方も、買った時はどの方も同じような状態だったと思いますが、時間がたつと人によってまったく違うような色であったり、硬さも違ってきます。ぜひ皆さん、使い込んで違いを楽しんでください。

板垣英三　日本というのは、苦いお茶を一杯飲むにも、とても複雑な作法がある国ですが、苦いお茶を飲むのは人間だけなんで

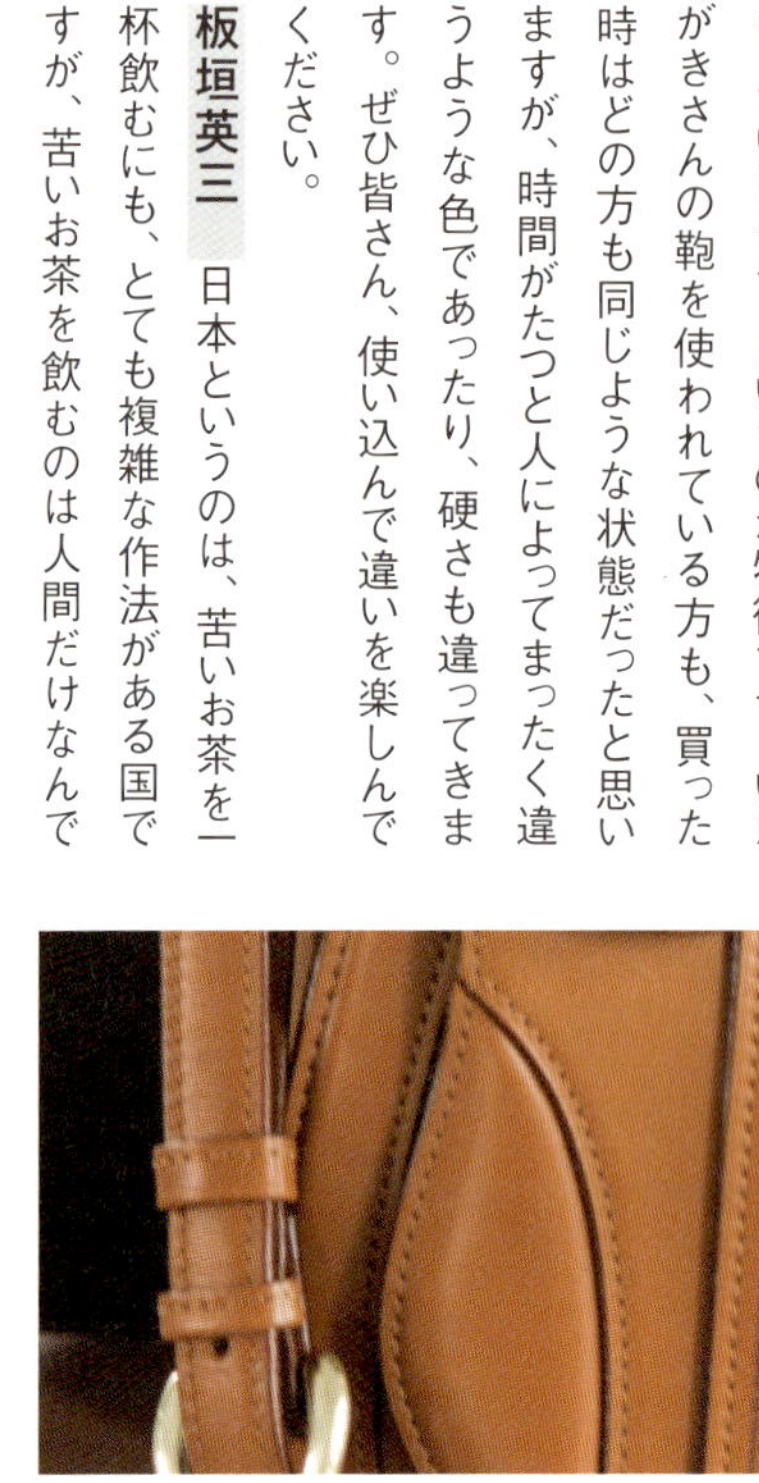

すね。動物は苦いと逃げます。タンニンやクロームを皮に入れるのは、皮がむしばまれないようにするためです。

タンニンでなめされた革はとても硬いので、加工するには熟練した技術が必要です。これだけの硬い革を形にするのはものすごく大変なんです。うちにも鞄を作る社員はたくさんいますが、できる人はそうたくさんはいないですね。今、この革でものづくりをしている鞄職人は、昔と比べてずいぶん少なくなってしまいました。とても苦労する革ですが、本物をやっていけば一生食っていけると思って使いはじめました。

山本さんは、昔、取引先である足利銀行が倒産した時に大変厳しい道を歩みました。でも栃木レザーとして再生されました。

山本さんは若いころ、ホテルオークラなどと関連のある大倉商事という会社の重鎮でした。英語が堪能だったので、革を輸入する仕事にぴったりだったんですね。それから栃木レザーに引き抜かれて社長になったんです。彼は日本のタンニンレザーの世界

では第一人者。私はずっと年上ですが、彼を師として仰いでいます。

以前、山本さんのところの革で椅子を作ったことがあります。旭川市に「昭平堂」というコーヒー店があるんですが、そこの2階にプライベート喫茶があるんです。誰でもは入れないんですけど、そこにタンニンレザーの椅子があります。この椅子がすごいんです。座ったら誰でも気持ちがよくて寝ちゃうんです。タンニンの革というのはしっかりしていて安定感があり、座り心地がいいんです。私は今82歳ですが、私がいなくなった後も、いたがきは、山本さんのこんなに素晴らしいタンニンなめし革とのお付き合いを続けていってほしいと思っています。

山本　タンニンなめしをなぜ僕がやっているかというと、はっきり申し上げれば、エコの原点だと思っているんですね。

扱っているのはほぼ100%牛の皮なんですけれども、牛は本当に人間の暮らしに役立っているわけです。まず肉。人間は動物性タンパク質を吸収して健康になっている。そして皮を産業化しようということで始まったのが皮革産業です。革は軍隊で使われたんですね。

ベトナム戦争の途中までは、革の製品といえば軍需産品といわれた時代が長かったんです。しかしゲリラ戦、ジャングル戦になった時に、革は水に弱いもんですから、軍靴をはいていて水につかると足が滑って歩けやしない、走れもしない、泳ごうと思ったら重くて沈んでしまうということが起こって、また、ベルトもそういうことになって、そこからズック、帆布みたいなものが生地に代わったというのが、軍需関係の話です。

日本で軍需産業として発生したのは明治の初期ですが、商業ベースで考えた場合には、第2次世界大戦後です。靴の需要が拡大して、いわゆる皮をなめす業者、「タンナー」が一気に増えました。そのときに出てきたのがクロームなめしです。原皮から、色付けされた革の状態になるまで長くても1週間から10日ほどでできるんですね。先ほど申し上げましたように、タンニンなめしの革っていうのは何カ月単位でかかってしまう。結果、納期の対応だとか、どんどん靴のサイズが多様になると、タンニンの革では納期が遅いとか、対応できなくなってしまった。それで減ってきてしまったんです。

それと、エース㈱に長井恒高さんというデザインの先生がいて、その方が昭和40年ぐらいに「マジソンスクエアガーデン」という、ビニールバッグというか、今で言うスポーツバッグですね、それを開発したんです。その影響で、私どものタンニンなめしの革は、その当時ほとんどが学生カバンに使われていたので、マジソンスクエアバッグというのが広まって、昭和40年代から50年代にかけて革の学生カバンが一気に減ってしまった。さらに60年代になったら、ほぼゼロに近くなってしまった。その時にタンニンなめしの革を作っているわれわれの同業者は、ほとんどがなくなってしまったんですね。

これまでお話したように、タンニンなめしは厳しい状況です。でも板垣会長に、「タンニンなめしじゃないとだめだ」「あんたがここで（道半ばで）タンニンをやめるのか」と叱咤激励されて、続けるにはどうしたらいいかと考えたのが「エコ」でした。これはもうエコの素材として少しでも知名度を上げよう、今風に言うとブランド化できないかということでした。

皮をなめす準備工程というのは、ものすごく大変です。皮1頭分が、皮の状態で40キロぐらいあります、それを水洗いすると、だいたい80キロぐらいになります。それを2人ぐらいで半分にする「背割り」という作業から、繊維をほぐす、洗う、タンニンに漬ける、漉く、染める、のばすなど、20近い工程があります。本当に労働の負荷が強くて、なかなか担い手を確保していくのが難しい、でもそれを担ってくれる人がいないと革を作れないという時期もありました。

そこで、タンニンなめしによるものづくりの現場のやりがいを見てもらおうと、板垣会長にも、いろんな人に来てもらってくださいと働きかけをして、そうやって地道にやってきたなかで、今は、年間で400から

500人の学生や革づくりに携わる人が、工場見学にやってきます。インターネットでも「栃木レザー」の名前を出していますし、いろんなメーカーさんにも名前を出していただいています。

　そんな流れのなかで、何とか息をつないでいるなと思うなか、特に会長のように、タンニンなめしにこだわっている企業にとって、より必要とされるにはどうしたらいいか、なめしの手法は変えないで、一つ一つの工程で少しでもいいものに仕上げようと、常に頭のなかに入れながらやってるのが私たち栃木レザーという会社です。

板垣　今の日本の経済は、世界の中ではすごく悪いんですよ。この間ニューヨークへ行ったら鞄が高くて、うちの鞄も、山本さんの革も、もっと高くてもいいかなと、心のなかで自分にささやきかけました。でも、もっといいものも作っていかないといけないですね。

山本　うちも年がら年中、なめす前の工程は、本当に大変な作業なんです。でも、そのなかでも少しでもいい意味での楽ができるぐらいの工夫はしていこうと、社員には言っています。考えていることはたくさんあるんですけれども、設備を変えるにはお金がかかる。建物を変えたりしなきゃいけないんで、すぐにはできない。だからなんとかみんな頑張ってほしいと、そういうことを日々言うなかで、この革はできています。

板垣　私はもともと横浜生まれなんですね。そして東京で仕事を覚えました。そしてエース㈱の新川柳作という人から、「サムソナイトっていうかばんを作るから、エースに来て工場を運営してくれ」という話があって、「黙ってうんって言ってくれ」っていうから、「うん」って言ったらそういうことになり、板垣家っていうのは、約束したことは絶対守ろうというんで、それでみんなで小田原へ行きました。

　結果よければすべてよしで、今では北海道まで素直に来たことが良かったなって思っています。これからは娘の代なので、赤平で一番になれるかどうかはちょっとわかりませんが、地元の幌岡地区を良くするように頑張っていますので、みなさんの後押し、協力があれば大丈夫かと。それと、いつか世界に出て行こうと、社内で英会話の勉強会をもう30年もやっています。

なぜ、やるかというと、旭川の近くに東川という町があるんですが、すごい街なんです。北海道はどんどん人口減となっているんですが、東川は増えているんです。外国人も住んでいるんですね。それで私の孫のエンツォも東川の日本語学校に通っています。英語で話ができるというのは一番いいことです。友達もできるし、それによって商売も活発にできる。ぜひ、英語は若い人はなさっておいたほうがいいかなと思います。私はぜんぜんしゃべれません。ドイツ語でグーテンモルゲンとか、レッカー（美味しい）とか、そんな程度では話はできないんですよ。それで今は、海外に出ようと、ニューヨークとか、パリとか、ローマとか、ベルリンとか、店をつくってね、赤平で作ったものを輸出しようと、うちも一生懸命がんばっていきますので、山本さん、今後もタンニンなめしの革の供給をお願いしますね。

山本 そのことが一番きついんですけれども、やり抜きますよ。やり抜いて、日本の革の文化を継承していきたい。
板垣 しっかりとなめされていない革は、革の表面にカビがどんどんはえちゃうんですね。中までしっかりタンニンが入っていないんですよ。ただ革を作っているというだけ。ある百貨店では仕入れた鞄が倉庫で保管中にかびてしまい、それでカバンを棄てましたからね。栃木レザーは、絶対手を抜かないでやってるんで、どんどん値上げしてください。
山本 僕は、革のなめしは子どものしつけと同じだって言ってるんですね。準備工程、なめす前の工程で手を抜かないことが、ぼくはいい革の原点だと思っています。革の表現で「柔らかい革でもコシ感がある」と言われるんですが、これは準備工程の影響が大きいんですね。
女性が憧れる海外の有名ブランドも、うちに工場見学に来て、社員教育をしていた時期が5、6年ありまして、今もたまにやりとりしながら、革のことを教えてくれと言われます。革の品質っていうのは、厚みであったり、革の中にしみ込ませてあるタンニンの含有量であったり、そういう部分が命なんですね。まさに準備工程の中で、どれだけうまく入っているかということで決まってしまうわけなんです。僕は、革はしつけそのものだし、しつけがよくできた革っていうのは、素晴らしい商品を生むと思っています。

だけど逆に、素晴らしい商品を生むために、手間暇かけた革だと、作る方も手間暇かけないと作れないのが欠点なんですね。だからこそ、会長の技術を受け継ぐ職人を絶え間なく育て続けてくださいと申し上げているんです。そうすることによって、いい製品が生まれる。

本格的な革は、やはり手間暇かけてやる職人の仕事しか受け入れない。そうすれば、価値のある商品ができあがることは間違いない。そして今度は、それを使っていただくお客さまに、革づくりの価値について理解をしていただければ、もっと価値を大きくしていってもらえる。こういうサイクルが皮革製品の面白いところだと思います。

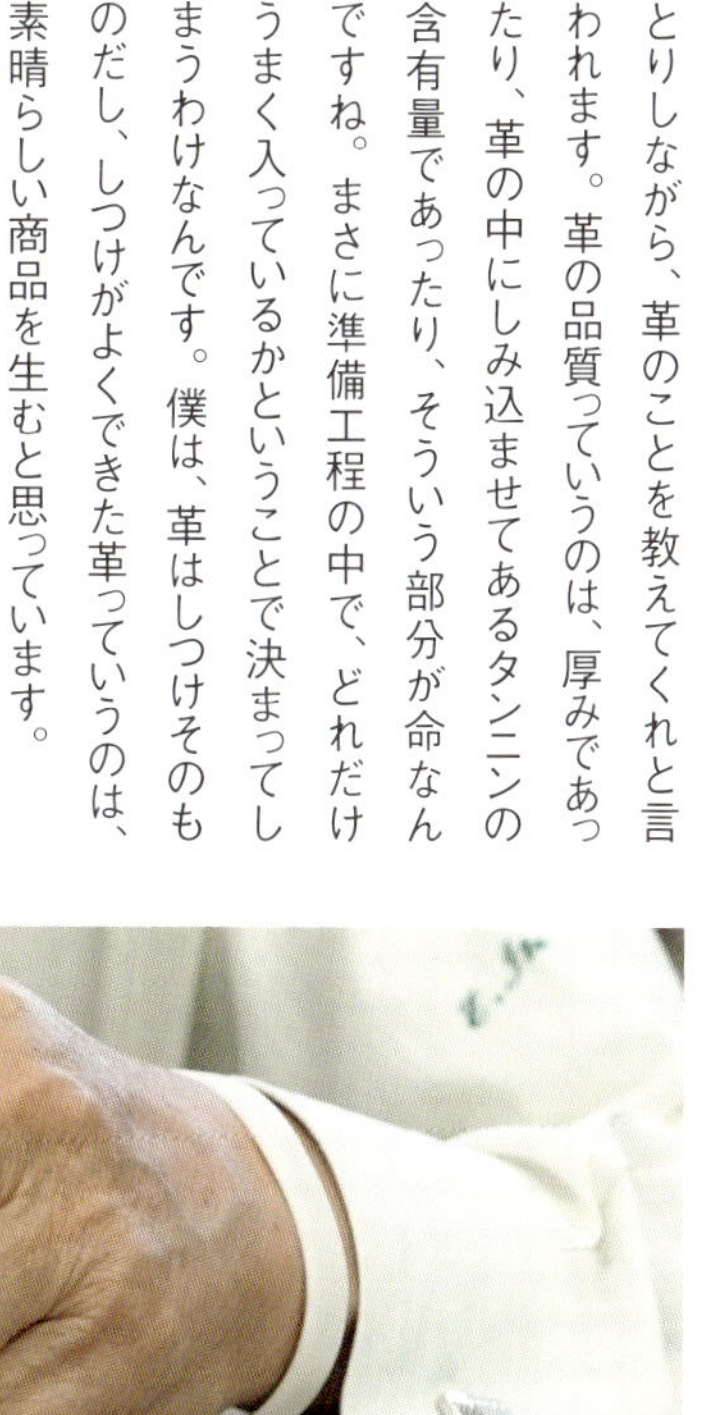

板垣　この街はかつて炭鉱の街だったので、ほとんどの人は石炭に関しては詳しいですけれども、革に関してはよく知らないという人が多いと思います。革は、僕でもまだわからない面があるほど奥が深いので、自分にとっては永遠のテーマです。

いたがきはこれから世界に向かって、革づくりの価値、ものづくりの価値を発信していきたいと思っています。

（まとめ・山平有紀）

革製品の手入れについて

用意するもの

- 保護クリーム（皮革専用クリーム）
- 固く絞った濡れタオル
- 乾いた柔らかい布

1. 固く絞った濡れタオルで、革製品全体を軽くなでるように、まんべんなく拭く。

2. その後すぐに、手のひらを使って、なでるように水気を拭き取る。手でなでることで水気が適度に革になじむ。

3. 柔らかい布に保護クリームを適量含ませ、革製品にできるだけ薄くのばすように塗布する。その時に、革のコバ(縁)にも一緒に塗ると、コバ仕上げ剤がはげるのを予防する効果がある。

4. 保護クリームのついていない乾いた布の部分で、磨き上げるように軽く乾拭きする。

◎水に濡れた場合はすぐに水気を拭き取る。完全に乾く前の生乾きの時に、「3」を参考にして保護クリームをできるだけ薄くのばすように塗布する。

◎軽いひっかき傷ができた場合は、固く絞った濡れタオルで、引っかいた方向とは逆の方向に一定方向に拭くと傷が目立ちにくくなる。

◎長く使わない場合は、上記の手入れの後、陰干しをしてよく乾燥させてから、型くずれと湿気を防ぐために新聞紙を中に詰めて、直射日光を避け、風通しのよい所で保管する。

流政之赤平応援隊（初代代表・板垣英三）などの活動が実を結んだ「彫刻公園サキヤマ」。先山とは、熟練した炭鉱夫を意味する
（赤平市・エルム高原リゾート内）

平成９年（1997年）	長女・江美専務がドイツにて「EMI ITAGAKI DESIGN」設立。 赤平本店に管理棟（現裁断棟）新築。
平成10年（1998年）	長男・英一が社長に就任。社長職を退き取締役会長となった英三は ドイツに滞在して、鞍ショルダーに続く鞍シリーズを開発。
平成16年（2004年）	代表取締役に再び就任（英一社長が退社）。
平成19年（2007年）	代表取締役を江美専務と2人体制へ。麻布十番店を一新。 京王プラザホテル札幌店を開設。 第２回ものづくり日本大賞優秀賞受賞。
平成20年（2008年）	新社屋を完成。 「明日の日本を支える元気なモノ作り中小企業300社」に選出。 創立25周年記念式典挙行。
平成21年（2009年）	念願の職人育成のための「あかびら匠塾」を町の有志の協力を 得て発足。
平成22年（2010年）	京都三条店開設（京都市中京区三条通柳馬場西入桝屋町78）。 「いたがきエコプロジェクト」を始動。 流政之氏の赤平応援隊発足。
平成24年（2012年）	3月、京王プラザホテル新宿店を開設。 社長職を退き、板垣江美が代表取締役社長に就任。
平成25年（2013年）	8月、京都御池店（京都市中京区御池通堺町西入御所八幡町233）移転。
平成26年（2014年）	京王プラザホテル札幌店を一新。
平成29年（2017年）	「あかびら匠塾」が第１回「あかびらツクリテフェスタ」を開催。 創業35周年記念講演会を開催。
平成30年（2018年）	5月、愛知県に中部国際空港セントレア店を開設。 長年の功績により板垣英三に旭日単光章が授与される。

創業者・板垣英三と㈱いたがきの歩み

昭和10年(1935年)	10月2日、神奈川県横浜市で板垣源太郎、可つの三男として生まれる。
昭和25年(1950年)	東京の八木廉太郎鞄工房へ奉公に入り、鞄作りを学ぶ。
昭和29年(1954年)	奉公後、両親、長兄・修一、次兄・航二と共に 三協鞄製所を創業。
昭和39年(1964年)	エース㈱に依頼されて自社を辞め、神奈川県の小田原工場に勤務。
昭和45年(1970年)	工場の移転のために初めて北海道赤平市を訪れる。
昭和46年(1971年)	エース㈱在籍中に、キャスター付きのスーツケースを発案する。
昭和51年(1976年)	妻・貴美子、長女・江美、長男・英一、次女・恵子の 一家5人で赤平市に移り住む。
昭和57年(1982年)	赤平市の旧教職員住宅(赤平市幌岡町113)を新社屋に 「株式会社いたがき」を創業。 創業に合わせて鞍ショルダーを製作。
昭和59年(1984年)	赤平市30周年記念コースターを製作。
昭和61年(1986年)	『通販生活』(No114・カタログハウス発行)で紹介され、注文が殺到。 不眠不休で鞄を作る。
昭和63年(1988年)	製造数の増加に伴い工場を増築。 2年後にはさらに増築し、総面積180坪に。
平成元年(1989年)	前年、青函トンネルが開通。これを機にJR北海道の 寝台特急「北斗星」のルームキーホルダー製作を受託。
平成3年(1991年)	販売店舗として札幌店を開設。 タウンボストンが全国放送で紹介されて注文が急増。
平成6年(1994年)	いたがき製品を札幌市内の 「ななかまど」(有限会社清野クラフト)で販売開始。
平成7年(1995年)	札幌店を閉め、東京店を開設(東京都港区麻布十番2-21-14)。

著者略歴
北室かず子（きたむろ・かずこ）
1962年生まれ。筑波大学卒業。婦人画報社で女性月刊誌の編集に携わったのち、札幌でフリーライター・編集者として活動。91年からJR北海道の車内広報誌『THE JR Hokkaido』の特集を執筆している。著書に『赤れんが庁舎物語』（北海道北方博物館交流協会）、『いとしの大衆食堂〜北の味わい32店』（北海道新聞社）などがある。

協　力／㈱いたがき
編集・執筆（P8-22、49-52）／山平有紀
写真・アートディレクション／ヤマグチマサアキ（P22、63、77、87下の写真はいたがき提供）
ブックデザイン／スタジオコロール
制　作／仮屋志郎（北海道新聞社）

北の鞄ものがたり
いたがきの職人魂

2018年10月5日　初版第1刷発行

著　者　北室かず子
発行者　鶴井　亨
発行所　北海道新聞社
〒060-8711　札幌市中央区大通西3丁目6
出版センター（編集）電話011-210-5742
（営業）電話011-210-5744
印　刷　札幌大同印刷㈱

乱丁・落丁本は出版センター（営業）にご連絡くだされればお取り換えいたします。
ISBN978-4-89453-922-8